中公文庫

# いい感じの石ころを拾いに

宮田珠己



中央公論新社

目次

# いい感じの石ころを拾いに

# はじめに

旅先で、なんとなく石を拾う。とくに石を集めたいわけでも、記念品として持ち帰りたいわけでも、地質に興味があるわけでもない。ただなんとなく、気がつけば拾っている。海辺や川原に転がる雑多な石のなかから、しっくりくるものを探す。ときどき、これは！という石に出合う。なにが、これは！なのか、うまく説明はできない。ただ、なんかいい感じがする。そうやって、コレクションするでもなく、なんとなく、気が向いたときに、ポツポツ石を拾ってきた。

石に惹かれる。といっても、ものすごく好きで好きでたまらないわけではない。ふと、手に持ってみたらよかったと、その程度である。自分の人生において、とても重要なこと、ではない。石拾いをライフワークにしようなどとは考えない。ただ、そこに石が落ちていれば、いい感じの石をつい目で探してしまう、そんな癖みたいなものがある。

拾っている時間そのものが好きなのかもしれない。ただただ石を手にとって眺め、手にとって眺め、無心になって、いいものを選んでいく。難しいことは何もない。悩むことといえば、こっちの石とそっちの石、どっちがよりいい感じがするか、それだけ。

拾うのは、価値のある石ではない。なんでもない石。何石かもわからないことがほとんどだ。調べようとも思わない。そうやって適当に石を拾ううちに、少しずつ本気が出てきて、もっといい感じの石はないか、と考えるようになった。別の場所へ行けば、もっといい石があるのではないか。旅のついでに拾うのではなく、拾うために、いい感じの石がありそうな場所へわざわざ行く。そういうこともやってみようかと思ったのである。

石を拾う旅の合間に、石を愛する人たちにも会いに行った。私よりははるかに石にとりつかれた人たちだ。彼らの集めた石を見せてもらった。石の好みはさまざまだが、みんな楽しそうだった。そういう石との時間、他人から見ればバカバカしいようでも、本人にとってはお気に入りの時間。そんな時間を持てるのは幸せなことだ。

これは石ころ拾いの本である。念のため断っておくが、石の図鑑ではない。日常生活の合間に、ただただ自分にとっていい感じのする石ころを拾いに行く、そういう話を書いてみようと思ったのである。

# ヒスイよりもいい感じの石ころを拾いに　糸魚川

## 世間は石に冷たい

新潟県の糸魚川《いといがわ》にあるヒスイ海岸へ石を拾いに行った。

ヒスイ海岸だからヒスイを拾うのかといえば、そうじゃない。

そもそもヒスイがどんな石か、よくわかっていない。かすれて濁った緑色の、よく勾玉《まがたま》なんかになって、おみやげとして売られている石という程度のことは知ってるけれど、それが自然のなかでどのような形で、どんな場所に転がっているのか、ちっともわからないし、知りたいとも拾いたいとも思っていない。

ではなぜヒスイ海岸で石を拾うかというと、とにかくなんかいい感じの石ころが拾いたかったのである。

これまでにも何度か石拾いをしてきた経験から、いい感じの石は、どこにでも落ちているわけじゃないことはわかっていた。どれも似たり寄ったりの埃っぽい石しか落ちていない場合も多いし、石の種類は豊富でもどの石も全体に地味な場所もある。
そもそもいい感じの石というのがどういう石か、その定義自体が曖昧なので――もちろん曖昧だからこそ拾って面白いのだけれど――、そのぶん、どこに行けばそれが拾えるかはっきりしないのは、当然である。

結局、

いい感じの石ころがどこにあるかわからない
←
「石拾い」で検索すると、ヒスイ海岸の名前がよくヒットする
←
ヒスイ海岸ならば、仮にいい石がなかったとしても、ヒスイならあるんだろう
←
まずは、そこで一度石を拾ってみよう

というテキトーな流れで決まったのだった。

上越新幹線のなかで、編集の武田氏は、

「別件の原稿がまだ来てなくてかなりヤバイ状況なんですが、抜け出してきました。上司に『お前、石なんか拾ってる場合か』と突っ込まれました」

と苦笑いした。

「石拾いに行くっていうと、みんな半笑いなんですよね」

そうなのである。

石拾いというと、誰もが小バカにする。

これがヒスイ拾いなら理解もされるし、水晶だのオパールを探しに、と言えば、ちょっとした冒険扱いもされるというものだが、いい感じの石を拾いに、なんて言うと、まず、はあ？　なにそれ？　なんでわざわざ？　という反応しか返ってこない。

世間は石に冷たい。

石なんて、取るに足らないものと思っている。

まあ、その気持ちもわからないことはない。

たかが石だし。

糸魚川の海岸。ものすごい数の中から、いい感じの石ころをなんとなく探す

そもそもこの私自身が、何が何でもいい石を拾うぞ、これぞ私の趣味だ、石に全力投球だ！　とまで思い詰めてるわけではないのだった。

つまり、まあ、なんとなく、なのである。

なんとなく、ちょっと拾ってみたい、いい感じの石に出合ってみたいという、趣味までもいかない一歩手前の興味というか、拾わなければ拾わないでも生きていけるけれど、少し気になるという、そういう温度の話なのである。

## ヒスイを拾ってる人がヒマ人に見える

越後湯沢で特急に乗り換え、西へと折れるように進路をとりながら日本海に向かう。

ヒスイ海岸は富山県にもあるようで、つまるところ、富山から糸魚川あたりまでの長い海岸線のどこででも、ヒスイは拾えるらしい。もちろんそれは可能性があるということであり、絶対拾えるわけではない。見つけるには、それなりの眼とタイミング、そして運も必要と聞く。

われわれはまず、富山県の越中宮崎駅まで行って電車を降りた。

北陸本線（現・あいの風とやま鉄道）のこのあたりは、海岸線に沿って線路が走っており、どこで降りても駅前はすぐ海である。

実はこの駅で、謎の石好き女子と待ち合わせしている。

石好きにもいろいろあるが、この女子はとりわけ奇岩が好きで、今ふうに言うと、奇岩ガールということになるだろうか。日本各地の奇岩を見に行ってるらしい。

その奇岩ガールが石も拾うということで、一緒にいい感じの石を探すことになったのだ。

最近は、山ガール、森ガールといった自然派の女子が人気という話だけれども、とくに私のまわりにそういうのはおらず、いるのはこの奇岩ガールだけである。

奇岩ではなく、石ガールならば雑誌か何かで読んだことがあって、それは石といっても、ピカピカした鉱物を好む澁澤龍彦的なエキセントリックな趣味のガールであるらしかった。

しかし、奇岩ガールはそういうのとも違い、まさに私と同様、なにげないそこらへんの石でありながらなんかいい感じの石を拾うという、石といってもやや安価な方面で活躍するタイプのようであった。

無人の待合室に、近所に買い物に来たかのような気軽な格好で、彼女は待っていた。

「はじめまして」

と挨拶を交わす。その後さっそく石談義になった。

以前、青森県の七里長浜《しちりながはま》に石を拾いに行ったことがあるそうで、その際、ものすごい大荒れの天気で、体がかじかむほど寒く、やっとの思いで駅から海岸まで歩いて、数片の石ころを拾ってきたというからその執念に驚く。

さらに、石とは関係ないが、男鹿《おが》半島に行った際も嵐で列車が止まったといって、いろいろ大変な目に遭ってるようだ。鶴岡へ行ったときは水族館が停電になり、羽黒山に行ったら季節外れの大雪になったうえ、会津の慈母観音を見に行ったときも大雪で、今回糸魚川に来る前に高岡大仏を見に寄ったら大雨でぐったりしたとかいって、どうやら奇岩ガールは相当な嵐を呼ぶ女らしかった。本人にそう言うと、

「ええっー、私、雨女じゃないですよお」

と不服そうであったが、さらに久留米の大観音を見に行こうとしたら車が事故って行けなかったともいうから、もはや雨女以上の何かである。

「すごいですね。嵐の呼びっぷりも、自分が嵐を呼ぶ女であることに無自覚なところもすごい」

武田氏は感心しきりであった。

ともあれ、３人揃ったので、さっそく海岸に出て石を探すことにする。

駅前には、小さな石の浜が一直線に続いていた。

日本海は波が荒いため、浜には石が高く打ちあげられ、波打ち際は傾斜が急になっている。おそらく海中も一気に深くなっているだろう。

この日は７月上旬で、いまだ梅雨明けしていなかったが、昨日まで悪かった天気も回復

し、日曜とあって、多くの人が、正確には十数名ぐらいの人が浜に出てヒスイを探していた。

それは、妙な眺めだった。みんなが相当なヒマ人に見える。まったくヒスイなんか拾ってどうする。他にやることはないのか。そう言ってやりたいぐらいだ。

もちろんわれわれは別である。同じようにわれわれも波打ち際にしゃがみこんだが、われわれが探すのはヒスイじゃなくて、なんかいい感じのする石だ。そのへんのヒマ人たちといっしょにしてもらっては困るのであった。

## 石は、ずっと石でしかない

なんかいい感じのする石——。

これを、どんな石、と説明するのは難しい。

いい感じにもいろいろあって、色が鮮やかで、手に持って優しいまろやかな石がいいときもあれば、模様がちょっとした絵画のように見える石や、あるいはごつごつしていながらも、全体として形のバランスが絶妙というような石が気になるときもあるから、なんとも定義できない。たぶん拾うときの気分によっても違うだろう。

糸魚川の石は、全体に灰色だった。

石がおおむね灰色だから、一見すると、実につまらない眺めである。というか、まずどこであれつまらなく見えない浜はない。それが果たして魅力ある石で出来ているのかそうでないのかは、一目見ただけではわからない。その場にしゃがみこんで、丹念に見なければならない。

しかしそれでもほとんどの場合、魅力的な石が落ちていることはない。落ちているのは、やっぱりどれも普通の、あまりに凡庸な石ばかりだ。

その凡庸をじっと眺める。

または、適当にほじくりかえしてみる。

それでもほぼ凡庸なのであるが、ときおり、周囲とは何か違うオーラを発している石を発見して、おっ、と拾い上げてみる。

するとこれが、意外にもなぜこれに目をつけたかと思うような実に面白みのない石で、ああここは失敗だったと思うのは、まず定石である。

そうやって、なんだここは、ちっともつまらない、と思いながらも、いくつか拾っているうちに、徐々に心に変化が訪れる。

さっきまでは見えなかった石と石の間に、とりたてて目立たない、どうってことのない石が発見される。どうってことないのだけれども、手にとってみると、これがなんとなく気になるわけである。

なにが気になるのだろう。

色ではない。いい色の石ならば、とっくに目を付けている。

むしろ、形ではないか。

それと触り心地。

あと、理由はよくわからないが、なんだか自分の手にしっくりくる感じがする。

それから、よくよく見れば、色は地味だけれども、模様が、なんとはなしに、味わいがあるように感じられる。

これは――、いいのではないか。

とりあえずキープ、とポケットや持参したビニール袋に入れる。

そうやって根気よく、地道に、黙々と、石をほじくり、かきまぜ、手にとって眺めながら、探していく。

根気よく、とはいっても、無理に続ける必要はない。石拾いのいいところは、やめたくなればいつでもやめられることだ。逆にそうでないときは、自分でも気づかないうちに無心になっている。不思議なもので、石を探すのだ、などと気合いを入れなくても、まるで自動制御の機械のように、次々と、石を拾っては捨て、拾っては捨て、している。

飽きてもいい。飽きなくてもいい。

「なんか、わかる気がする」

ふと、武田氏が言った。

「無心になれます。これ、やってるときは、石のことしか考えてないですね」

そうなのだ。拾った石の魅力もあるが、そうやって無心になれるのも、石拾いの魅力だ。

「だいたい海見たのも久しぶりだもんなあ」

武田氏は、手を止めて浜に座りこみ、のどかな表情を見せた。

「でも、いいなと思って拾った石でも、5分ぐらいたってから見ると、どうってことなく見えますね」

「そういう石は捨てて……」

「キャッチ・アンド・リリースですね」

「そう」

「一晩置くと、さらにどうでもよくなるでしょうね」

武田氏、なかなかわかっている。

石は拾ったはなから、どんどんどうでもよくなる。ただの石じゃないか、と言ってしまえば、もともと全部どうでもいいのである。

宝石がそうならないのは、お金に換えることができるからだ。宝石は、服にも、旅行にも、おいしい食べ物にも化ける。だから仮に宝石そのものはどうでもよくなっても、そのときは何か別のどうでもよくないものに換えればいいのだから、宝石の価値は常にどうでもよくないままであり続けられるのである。

一方でただの石ころは、醒めたら終わる。

その価値ははかない。

骨董のようなものと言えばいいだろうか。

たしかに似ていなくもない。しかし骨董もときには金に換わる。結果としてそのとき欲しいものに換えることができる。

石は、ずっと石でしかない。

だからこそ、最終的に選んだ石には、お金に換えられない純粋な美しさ、純粋な〝いい感じ〟が宿っているとは言えないだろうか。

## 石、それは1円にもならない大宇宙

われわれはここで1時間ほど石を拾い、さらに新潟県の青海《おうみ》海岸に場所を移して、また拾った。

気になる石を30個も拾ったら、一度全部並べて、比較検討し、10個ほどに絞り、他はそのへんに捨てる。キャッチ・アンド・リリースである。

こうして拾ってみると、糸魚川には糸魚川ならではの石というのがたしかにあって、たとえばそのひとつがヒスイということになるわけだけど、それよりも、何の変哲もない灰色の石ころの表面に青い目玉のような斑点が浮き出ている石を多く見た。（p241・写真1）

なぜこんな斑点が出来たのか、成分は何なのか、これを何石というのか、といったことは全然わからないけれど、少々神秘的な感じがしなくもなく、気に入っていくつか拾い集めた。

他にも、うす茶色に濃い茶色で模様が描かれたような石があった。

これは薬石《やくせき》というらしい。かすかに放射線が出ているとかで、風呂に入れると薬効があるとのこと。かつては重宝されたそうだが、今は誰も拾っていないのか、そこらじゅうにごろごろ転がっていた。

面白いことに、この茶色の模様がときどき風景に見える。

風景石というジャンルがあって、これは私が言い出したことではなく、バルトルシャイティスも、カイヨワも、澁澤龍彦も、それについて書いているから、昔から風景が見える石のことは、気になる人は気になっていた。よくあるのは、メノウや大理石で、ものによってそこに森や雲や大地や、なかには大都会の摩天楼が描かれているかに見えることがある。私も写真で見たが、摩天楼は本当に摩天楼に見え、自然の造形の妙にただただ驚くばかりであった。

　糸魚川の薬石にも、何か本物らしい風景が描かれていないか探したところ、これは、という石を発見した。

　題して「灼熱の大地」である。（p241・写真2）

　濃い茶色部分が大地であり、その上部に灼熱の太陽が同心円で表現されている。って、表現したわけではないと思うけど、そうなっている。

　面白いので、これは持ち帰ることにした。

　今回3人で拾い集めたなかで、もっともいい感じのした石は、奇岩ガールが拾った「星座石」だった。

　彼女が「なんか星座のように見えたんですよね」というその模様は、白地に青い斑点がたくさん浮かび、これを星とすると、なかに線で結んで、星座を表現したような部分がたしかにある。（p241・写真3）

　なんでもない石ころであり、かつ、大宇宙を包含する石でもある。

　素晴らしい。

　1円にもならない大宇宙。

　最終的に残した石は、見れば見るほど、どうでもいい石たちであり、同時に、なんかいい感じがしなくもない石たちでもあった。

ヒスイだろうが、メノウだろうが、石ころだろうが

その日泊まった宿の主人がヒスイに詳しいというので、話を聞いた。

もちろん、いい感じの石を拾いに来たとは言えないから、われわれもヒスイ探しに来たということにしておく。

主人が言うには、ヒスイ探しのコツは、まず白い石を探し、持ってみて見た目以上に重くて硬ければヒスイだという。白い石などいくらでもあったし、石なんてたいてい硬いのだから、ポイントは、見た目以上に重い、という点だろう。しかし、その程度のヒントでは、素人のわれわれには見分けられそうにない。だいたいみんな朝一番に来て拾っているから、ふらっと来ても、そうそう簡単には見つからないそうだ。

われわれも、ひょっとしてこれかな、という石をいくつか拾っていたのだが、ことごとくヒスイではないと断定された。

「ヒスイはだいたい7種類ぐらいある」

と主人。

「白、緑、青、紫、黒……。宝石のなかでは地味だけども、なんともいえない味わいがある」

言いながら主人は多くのヒスイを見せてくれた。が、正直に言って、私にはその味わいがわからなかった。まさに主人の言葉通り地味であり、地味なら地味なりの味わいがあるかといえば、逆に、地味なのにキラキラ輝く一般的な宝石に近づきたいという欲望が見え隠れするようで、かえってどっちつかずになっている感がある。

なぜ、昔の人はこれに価値を見出したのか。見た目がきれいな石など他にもいくらでもありそうなのに、太古の昔からヒスイは貴重な宝だった。わからん、と思っていると、

「ヒスイは藻がつかないの。だから、川の中で見るとね、そこだけ電気がついたみたいに、ピカッと白く光るからすぐわかる」

と主人が言った。なるほどそれか。太古の人々は、川の中で光る石に神秘的な力を感じたのかもしれない。

この主人は、饒舌な人で、質問を投げかけなくても、どんどんひとりで喋った。

「クーラーボックスに、ジュースとかバナナとか何でも入れてね、ゆっくり一日がかりのつもりで、石拾ってると楽しいね。他に拾ってる人と喋ったりして、ふとした拍子にいいものが見つかる。なんでもそういうもんでしょ。ずっと見つからんかったのが、バナナ食べながら休んでてふっと足元見るとね、そこにあったりするわけ」

喋りながら、実に楽しそうである。

「メノウとかみんなバカにするけど、きれいなものはきれいですよ。そんな石でもね（わ

れわれの拾った石)、きれいに磨くとなかなかいいもんですよ」

話を聞きながら、まったくその通りだと思う。

結局、ヒスイだろうが、メノウだろうが、石ころだろうが、何だっていいのである。ヒスイは宝石である。それに対し、われわれが拾った石はそのへんの石ころである。しかし、私はヒスイよりもはるかに、味わいを感じている。

宝石の価値は値段で計ることができるが、石ころの価値は審美眼によって計るしかない。

ここでたとえば、器を思い浮かべてみる。

柿右衛門だマイセンだといった均整のとれた器は、宝石である。

それに対し、形も均一でない普段使いの安い器にも、美が宿っていると看破したのが利休であり、ことさらに美を主張しない民芸のなかに美を発掘したのが柳宗悦だった。

これらの観点からすると、宝石の美はなにやらキンキンと硬直したものに感じられる。

それよりむしろ、そのへんの石ころにこそ、侘びや寂びの美しさが宿っていると考えるほうが、気持ちに奥行きが感じられないだろうか。その価値が揺るがず、不動で移ろわない宝石よりも、あるときはガラクタに見えたものが、ふと何かのきっかけによって、ぐいぐいと魅力を増して見えてきたり、また逆に輝きが失せたりするほうが、自然なことであって、そういう美を求めない美にこそ真の魅力があるような気がする。

宿の主人も、ヒスイの話をしていながら、本音では、ヒスイじゃなくたってなんだっていいんだと言っているようで、そういうところが面白かった。

## 奇岩ガールの正体はとりあえず不明

翌日、帰る前に、われわれは糸魚川市が誇るフォッサマグナミュージアムに立ち寄った。
この博物館には、まるで繊維のようなブルース石だの、鬼の角のようなイカイトだの、毬《まり》のように放射状に結晶化したスコレス沸石《ふっせき》だの、銀色の立方体がそのまんま岩のなかに埋め込まれている黄鉄鉱《おうてっこう》だの、これまで見たことも聞いたこともないような変な鉱物が大量に展示されてあり、見ごたえがあった。件の風景石もある。
なんかいい感じの石、みたいな展示はもちろんなかったものの、
石→地学→地球→大宇宙
と連想も自然に広がって、石の世界も何やら得体が知れず面白いものだと、あらためて思った。やはり、石は宇宙に繋がるんだな。
駅までタクシーに乗ると、運転手もヒスイの勾玉を持っていた。自分で拾って、知り合いに加工してもらったそうだ。一番いいところはうまいこと取られてしまうけど、自分では加工できないから仕方ない、などとボヤいていた。
「この町では、一応みんなヒスイ持ってるんですね」

武田氏がそんな、なんとはなしの会話を運転手としている一方で、奇岩ガールは、早くも次なる目的地に思いを馳せていた。

「ネットで調べたんですが、淡路島の五色浜ってところでも、なんかきれいな石が拾えるみたいなんですよ。今度行きませんか」

今回いい感じの石を拾って、ますます石拾い熱が高まったらしい。

短い旅だったために、奇岩ガールの人となりについては、よくわからないままだ。職業も、本人いわくアルバイトみたいなものとのことで多くは語らず、そもそも年齢からして、ガールと呼ぶにはそろそろギリギリではないか、という程度のことしかわからない。

とにかく奇岩が好きで、大仏が好きで、水族館も好きで、旅行ばかりしており、各地の一宮《いちのみや》を回っているとも言っていた。そして石拾いに大変前向きであり、旅に出ると嵐を呼ぶということだけは判明している。

どうしてそんなに奇岩が好きなのか、実に得体が知れないけれども、その正体については、今後おいおい明らかになってくることを期待しつつ、この日は、糸魚川駅前でみんなでうどんを食って、なごやかに散開したのである。

# ❖メノウコレクター山田英春さんに会いに行く

## 石は見た目が9割

ある日のこと、私の自宅に、ものすごい本が送られてきた。

存在感のある黒い表紙。そこに、いったいこれは何の写真だろうかと戸惑うほどの、奇妙で派手な模様の11個の石が並んでいる。

この表紙だけでも十分圧倒されたが、ページを開くと、さらにすごくて、のけぞった。

思わず、「本当かよ、これ」とため息が出たのである。

山田英春著『不思議で美しい石の図鑑』(創元社)。

メノウやジャスパーなど、石英を主な成分とする美しい石を中心に紹介する図鑑である。

私は石に興味を持つようになってから、書店で石の図鑑があればとりあえず手にとって見ているわけだけれど、たいてい買いたいと思うほどのものはない。

石の図鑑は大きく分けて2種類しかなく、宝石や鉱物結晶の図鑑か、もしくは、ありとあらゆる石ころを網羅した地味な石図鑑で、私は宝石には興味はないし、岩石の種類、たとえばこれは砂岩だの礫岩《れきがん》だの凝灰岩《ぎょうかいがん》だの花崗岩《かこうがん》だのといった、石の正体を見破りたいわけでもない。結局、私好みの、石の持つ〝いい感じ〟にこだわった図鑑というのは、これまで一度も見たことがなかった。

私が好きなのは、色なのか模様なのか形なのかはいろいろだけど、とにかくひと目見たとき、そして手に持ったときいい感じのする自然のままの石であって、それはもはや科学的な観点とはほど遠く、同時にパワーストーンみたいな疑似科学的なものでもなく、宮沢賢治とか澁澤龍彦が好きそうなエキセントリックな鉱物ですらないという、まあ自分でもうまく説明できないんだけれども、とにかく既存のあらゆる価値とは無縁の石である。

たとえば水晶でできたごっつい棒みたいなものを大事に持っている人がいるが、私にはなんとなくあれが卒塔婆《そとうば》に見える。石の中に空洞があって、そこに方解石なんかの結晶がザクザクしているのも、臓器のなかにできた悪性新生物的なイメージが喚起されて、ちょっと逃げ腰になってしまう。やはり石は、ある程度角がとれてすべすべしていないと、うるさい感じがする。

そんな偏った（というか素人丸出しな）嗜好を持つ私であるが、この『不思議で美しい石の図鑑』を開いた瞬間、自分の嗜好とは違う中身だったにもかかわらず、あまりの素晴らしさにのけぞってしまった。

すごかった。

そこには、自然に出来たとは思えないほどのカラフルで絵画的な石の断面が、大量に、オールカラーで掲載されていた。切断面だから、丸っこさやすべすべ感などという私の石の条件はまるで満たしていないわけだけど、そこに浮かび出た色と模様はこの世のものとは思えないほど美しかった。

こんなアートみたいな石の世界があるのか……。

そして何より私の心を打ったのは、この図鑑に貫かれている態度である。宝石だとか、希少鉱物だとか、そういう視点ではなく、どんな色と模様であるか、という視点で石を見る。

それは従来の図鑑の枠を超え、石の新しいフレームを提示してみせているように私には思えた。

つまり単純に言えば、見た目重視で石を判断するということ。その価値観は、少なくとも既存の図鑑よりは、ずっと私に近しいものに思えた。

これはもう、どうしても著者に会いたい。

というわけで、編集の武田氏とともに、山田英春さんに会いに行くことにしたのである。

山田さんの職業は、装丁家だ。

仕事部屋である都内某所のマンションに伺うと、あごひげを蓄え、やさしい風貌の山田さんが迎えてくれた。（写真1）

## 世界を飛び交う石たち

挨拶もそこそこにさっそく石の話になる。お互い石好きだから、余計な前置きはいらないのである。

「今、石ブームなんですよ」

と山田さんは言った。

「ええっ！　本当ですか」

「おかげで山なんかもだいぶ人が入るようになって、荒れてきたんで、昔は入れたところも近頃は入山禁止になったりしています」

「そうなんですか」

「若い女性も多いですよ」

知らなかった。石ガールが増殖中と噂には聞いていたが、本当だったのか。

「ただ、そういう人たちが拾うのは、水晶なんかで、メノウはあんまり人気がない。日本ではメノウは低く見られてるんです。鉱物結晶派は、不純物が入ったメノウなんて邪道みたいに思ってるんじゃないですか」

鉱物結晶派！

そんな派閥があったのか。というか、山田さんの咄嗟の造語かと思うけれども、私にとっては、水晶もメノウもどっちも同じ〝透明な感じの石〟というくくりであった。言われてみれば、水晶はカチカチしており、メノウはむにゃむにゃしている。石の世界では、本流はカチカチ派で、むにゃむにゃ派は傍流というか、派閥すらないのかもしれない。

糸魚川のヒスイ好きの宿の主人も、みんなメノウをバカにするけど云々、と言っていた。きっとメノウはいろんな場所で転がっているし、希少価値もないのだろう。だが私に言わせれば、希少だろうがなかろうが、いい感じの石はいい感じであって、いい感じでない石はたとえ珍しくても、いい感じでないのだ。

1. 山田英春さん（左）と私

そして山田さんも、

「でも私は、不純物が混じってないかっちりした鉱物より、見てきれいな石のほうが好きなんですよ」

と言うのであった。

その話は、『不思議で美しい石の図鑑』でもちゃんと冒頭に書かれている。

鉱物の結晶の、幾何学の公理のような簡明さ、純粋さ、普遍性をもった彫刻的な魅力に対し、メノウには偶然性と規則性が入り混じった、複雑で、有機的で、絵画的な魅力があると。

そして図鑑のなかで紹介されているメノウは、無色透明どころか、さまざまな色彩にあふれ、まさしく絵画のような美しさで、ダイヤモンドなんかよりよほど素晴らしいと、私は断言したい。

「そういう視点で石を見る人は日本にはほとんどいないみたいで、集め始めた頃は、展示会に行ってもあんまり売ってなかったんですね。それがインターネットが普及しはじめて、検索してみたら、結構海外では売買してる人が多くいるんだってことがわかって。それからですね、精力的に集め始めたのは」

山田さんは、われわれに見せるために、多くの石を用意してくれていた。プラスチックのケースにきれいに整理されていて、それが幾ケースも積んである。（写真2）

「集めだした頃は、ちょうど個人的に仕事も多く入ってバブル状態だったこともあって、忙しくて時間がなかったから、欲求不満解消のために石を買っていたみたいなところもあります」

おおお、そうだったのか。

それにしてもものすごい数の石である。いくつものケースに入って、欲求不満がゴロゴ

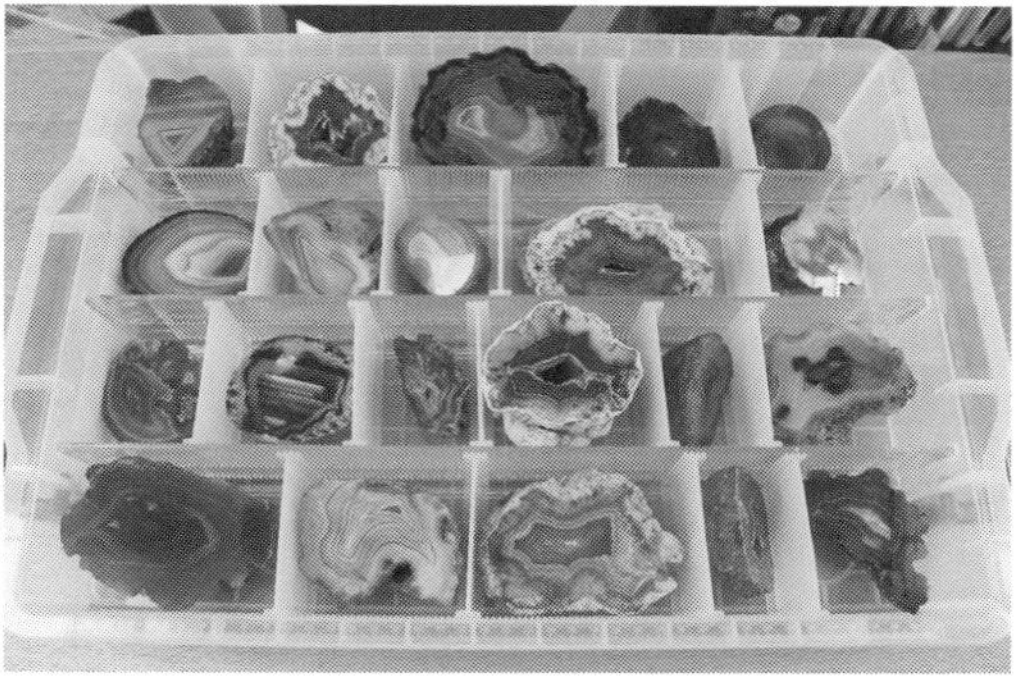

2. 山田さんのコレクションの一部

ロしている。それらはたしかに外見はゴツゴツしているが、灰色だったり茶色だったり欲求不満然としているが、ひとたび中を覗けば、美しさが極まっているのであって、このように欲求不満の深奥にこそ美が宿るのである、とか、なんだか哲学風なことをテキトーに言ってみたが、たいした意味はないので、先へ進む。

「こういう石って、いくらぐらいするんですか」

「いろいろですけど、最近は高くなりましたね。私が精力的に集めてた頃は、ひとつ1万円超えるようなものはあんまりなかったんですが、最近はブームになって、当時の5倍ぐらいするようになってます。今から集めるのは大変だと思いますね」

「そんなにブームなんですか」

「とくにアメリカとドイツで人気があるんですよ」

「アメリカとドイツ？　なんか共通点がない感じですね」

「まあ、どっちもよく採れる場所だからじゃないですか。結局、こういう絵画的な石は、アクセサリー用なんですね。だから板状に切ってよく売ってます。買った人は、板から切り出して、自分でアクセサリーをつくる。だから模様が大事なんです。むこうではそういう人が多い。私のように、こうやって石を単に半分に切って鑑賞するっていうのは、ちょっと珍しいタイプかもしれません」

たしかにどの石も、塊を半分に切っただけで、外側の欲求不満然としたゴツゴツ部分も一緒に保存されている。

「外側を完全に取り払って磨いてきれいにしてもいいんですが、少し自然な感じを残したいじゃないですか」

なるほど、装飾品に近くなってしまうと、ワンダーな感じが薄れてしまうのだ。それはよくわかる気がした。もとは自然のものでも、加工しすぎると自然の驚きが薄れ、工業製品に似てくる。

「じゃあ、山田さんは石を自然のまままるごと買って自分で削られるんですね」

「そうです。こういう状態で買います」（写真3）

おお、全然地味な石ではないか。

「これをサンダーエッグというんですが、この中にメノウが入っているわけです。ただ、割ってみないと中がどうなってるかわからない」

「そうでしょうね」

「で、自分で割ってみるわけですが、結構スカが多くて。ほんのちょっとしかメノウが入ってなかったり、なかにはまったく入ってないこともあったりします」

「でもそれは売るほうもわからないわけですよね」

「んんん、なんかわかってるみたいなんですよね。ちょっと削ってみたりして、見当がつくらしいんですよ。私にもどう判断してるのかわからないんですが。いいものはやっぱり自分の手元に置いて、そうでもないやつを送ってくるわけです」

「だいたいネットで買ってるわけですか？」

「そうですね。展示会なんかでも買いますが、ネットが多いですね。これは雨花《うか》石《せき》といって、中国の南京あたりで採れるんですが、これは中国人の主婦から買いました」（p36・写真4）

「ネットで？」

「はい。中国語はわからないんで、自動翻訳でメールを送ってみたら、結構通じたみたいで、だまされるのかなあと思いつつ、お金送って、そしたら送ってきて

3. サンダーエッグ。この中にメノウが入っている（可能性がある）

4. 雨花石

くれました。中国人は、色がきれいとかよりも、何かに見える、っていうのが好きですね。なんかちょっと模様が風景に見えるみたいなのにいい値段つけて、単なるきれいな縞模様とかはあんまり。キロいくらで、ごっそり送ってくれました」

「中国の主婦って、意外な感じですね。いろんな人がやってるんですねえ」

「裁判官が小遣い稼ぎでやってたりね。ソ連時代にカザフスタンで学者をやってたロシア人が、カザフスタンが独立して失業したので、コネや経験を活かして、石の商売を始めたりとか。こういうのは個人でやってる場合が多いから、変わり者が多くて面白いです。

まあ、なかにはだます人もいて。10キロ送るっていって、7キロしか送ってこなかったり。インド人から買ったときは、ずるかったなあ。足元見るんですよね、昨日はこの値段だったが今日はこの値段でしか売らないとか」

山田さんは、いくつもあるプラスチックケースを卓上に順々に運びながら、さまざまな石を見せてくれた。

「よく、ジャスパー[*1]とかアゲート[*2]とか言ってますが、売るほうも適当に呼んでるみたいです。名前もだいたい見た目からつけているんですよ。プルーム・アゲートとか（p243・写真5）、クレイジーレース・アゲート（p242・写真6）。オーシャン・ジャスパー（写真7）なんて波打ち際で採れるから、みたいなネーミングで。あとこれはアルゼンチンの松ぼっくりの化石（写真8）」

## 石を集めるきっかけになった風景石

それにしても、次から次へとすごい石が出てくる。ものすごい数だ。あんまりたくさんあるので、山田さんも気を遣って、ときどき「大丈夫ですか、飽きませんか？」と訊いてくるほどである。

いいえ、全然飽きません！

「これは、セプタリアン・ノジュールといって、亀甲石《きっこうせき》ですね。私これ結構好きなんですよ。亀甲石は、中にアンモナイトなんかの化石が入っている

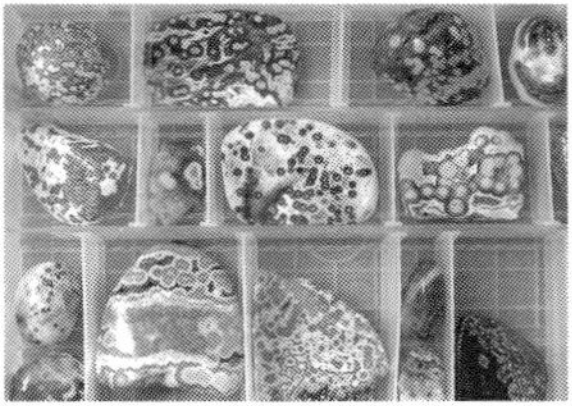

7. オーシャン・ジャスパー

8. 松ぼっくりの化石

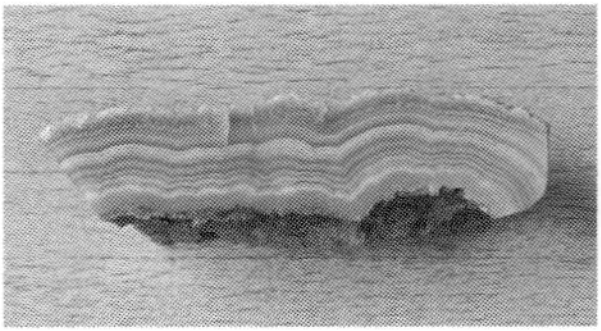
ブルーレース・アゲート

モス・アゲート

ことがあって、それを採るために割って、採りだしたら捨てられたりするんですが、この模様がいいなと思って。捨てるのはもったいないですよ」（p242・写真10）

「図鑑に、秩父の珍石館の亀甲石の写真が載ってましたね。あそこは私も行きました。石にまたがって写真撮影させられました」

　秩父にある珍石館は、人面石といって、人の顔に見える石を集めて展示している個人経営の博物館。羽山さんというおじいさんが集めたそれらの石は、１７００個以上はあると聞いた。知る人ぞ知る珍妙スポットである。

「ああ、やっぱりやらされましたか。釣竿持たされてね、浦島太郎とかいって（笑）。大人にもやらせてたのか」

「あそこは妙な場所でしたね」

「あのおじいさんが独特でしたね。この石は誰に似てるとか、説明してくれるんですけど、結構感じ出てるのもありましたね」

「そうそう、五木ひろしとか言って」

11. パエジナ・ストーンと呼ばれる風景石

「で、娘がちょっと離れたときに、こいこいって手招きしてね。マラ石とか、木の窪みが女性器に見えるのとか見せてくれるんですよ」

「いっしょだ。私のときもそうでした」

「これ、石じゃないじゃん、って（笑）」

「あそこは面白かったですね」

　次に、見せてくれた風景石が、また凄かった。（写真11）

　浮かび出た模様が、まるでグランドキャニオンのような地形や、木立に見えたり、摩天楼のように見えるものもある。

「実は、この風景石が、石を集めるようになったきっかけなんです。最初は石にはとくに興味もなかったんですが、あるときロジェ・カイヨワの『石が書く』という本を読む機会がありまして、そこに風景石が載っていたわけです。廃墟の洋館に人が何人かいるみたいな風景が石に浮き出ていて、見た瞬間、ウソだろ、と。自然の造形でこんなに見事な風景ができるなんて、これは凄いと思って。それからです」

なかには海に浮かぶ島のような模様まであって、これが自然に出来たものと思うと、たしかにすぐには信じられないだろう。

「昔はこういう風景石はタンスの扉とかにつけて飾りにしていたようです。それが、一時期忘れられていて、最近また注目されて掘られるようになって」

私も、風景石には前々から惹かれていた。レベルは全然違うが、この間も糸魚川で、薬石という風景石を拾ったのである。

「糸魚川は私も拾いに行きましたよ。薬石は面白いですね」

と山田さん。

「なんか放射線が出てて体にいいとかなんとかいって、風呂に入れるとか言ってましたけど、模様に注目している感じじゃなかったですね。私は、やっぱり何かに見えるっていうのが好きなんですよ。だから擬態昆虫とかも好きなんです。そこに標本がありますが」

見れば、壁に奇妙な昆虫の標本が飾ってあった。（写真12）

## 貝マニアもいる

「なんですか、これ」

「これはユカタンビワハゴロモといって、羽に目のような模様があるんですね。あと頭がワニみたいな形で、これで威嚇してるっていうんですけど、鳥が、昆虫の頭がワニに見えるからビビるなんてことあるのかな。ちょっと信じられない」

「そもそも、ワニ知ってるのかっていうのもありますよね。しかもずいぶん小さいし」

「ほかにもフクロウチョウというのがいて、羽の目玉模様をフクロウに似せて襲われないようにしているっていうんですが、本当かなあと。たまたまそんな模様になったんじゃないの、って。でも、そういうところが面白いなあと」

12. ユカタンビワハゴロモ

あらためて見回してみると、山田さんの部屋には、不思議なものがたくさんあった。

ナナフシの標本、アフリカのものと思われる木の仮面、西洋のグリーンマンの石の彫刻、奇妙な絵画、ヘンテコな日本を描いた挿絵で知られるモンタヌスの画集なんかもある。私はちょうど仮面にもグリーンマンにもモンタヌスにも興味があったので、思わぬ符合に驚いた。

「見た目が過剰なものが好きなんです。面白い図像とかも見るのが好きで」

同じだ。他人とは思えない。

「イギリスの巨石の本も出されてましたよね。ああいう大きな石も好きなんですか」

「好きですね。きっかけはマヤ文明だったんですよ。何度か遺跡を見に通ってたんですが、イギリスに行ったときに、面白い巨石がたくさんあるのを見つけて、こっちにもあるのかと。これはコンプリートしなければと（笑）」

「全部行かなければと（笑）」

「なぜか、そう思ってしまうんですよね」

「わかります」

「で、どんどん巡ってたんですけど、だんだん家族が飽きてきて、もういいよ、でっかいだけで全部同じじゃんとか言われて。仕方ないから、家族を街にドロップして、自分ひとりで写真を撮りに行きました」

「ああ、すごくわかる」

私も好きなことをやり始めると、だいたいみんなついてこない。

「オルメカの巨大な顔も好きで、全部で17～18体あるんですが、これはコンプリートしなければ、と思って（笑）」

「あはは」

「もう7割は行ったかな。あとコスタリカに巨大な石の球があるんですよ」

「聞いたことあります。誰が何のために作ったかわからないんですよね、たしか」

「あれも見てきました」

「それもコンプリートしなければ、ですね（笑）。すごいなあ。でも、全部石なんですね」

「そうですね。石は惹かれますね。アンコールワットも行きました。まだポルポト派の残党がいた頃で、そろそろ内戦も終わって大丈夫っていうんで行ったんだけど、その後また戦闘やってましたね。バイヨンは本当によかったです」

「巨大な顔だらけの遺跡ですね」

「ああいう何かが過剰な感じが好きなんです。あのときはまだあまり観光客もいなくて、とても感動しました」

　興味のあるものを見つけると、とにかく猪突猛進。山田さんは、絵に描いたような趣味人であった。そしてその行動範囲は、地球全体に及んでいる。生半可な趣味人間じゃないのであった。

「そういえば、日本にある巨大仏とかはどうですか」

　オルメカや、バイヨンが好きというので訊いてみた。

「日本の大仏はあんまりピンとこないですね」

そうか。日本の大仏は、石じゃなくてコンクリート製だし、やはり辛気臭いから、装丁家であり審美眼に優れた山田さんの目にはとまらないのだろう。

「ご家族は、こうやって石を収集することについて、なんと言っておられますか」

「わりと理解があって、石拾いに一緒についてきてくれますよ。うちの家族はよく拾う家族で（笑）、妻や娘はタカラ貝にハマってます。海へ行って拾うんです。貝マニアは石以上にすごいみたいですね。小さな貝が１００万円とか。ちょっと信じられないような値段で売ってたりします」

んんん、うらやましい。私の妻など絶対についてこないぞ。

## マンションの一室で石を磨きまくる

「これまでにメノウにかけたお金はいくらぐらいになりますか」

「いやあ、それは考えないようにしています（笑）。メノウはひとつひとつ模様が違うじゃないですか。だからキリがないんですよ。昆虫マニアだと、たとえばその種類を１匹捕獲したら、それでよしってなるんじゃないかと思うんです、よくは知りませんが。だから欲しい種をどんどんつぶしていくというか、１匹採れば、じゃあ次の種っていけるんじゃないかと。でもメノウはひとつひとつ全部違うから終わりがないんですよ」

「これだけ集めててもまだ見つけたいわけですか。まだまだもっといいのがあるかもしれないと」

「もちろん、まだまだ集めたいです。最近は石ブームなので、だんだん簡単に買えなくなってきてますけど。ただ、こないだね、整理していて、ふと我に返って、オレこんなに石ばっかり集めて何やってんだよ、みたいな気持ちになったことがありました。こんなことやっててていいのかって」

「いいじゃないですか」

「まあ、ちょっと多くなってきたので、こりゃいかんなと、それで時々拾った場所に捨てに行ったりしてます」

「わざわざ拾った場所に？」

「ええ、やっぱりね。あんまり場違いなところに捨てられないから。で、それを妻が、あっ、あった、とかいってまた拾ったりして、それさっき捨てたやつだよ、とか言って、全然減らないの（笑）」


さて、実は今回、山田さんと石談義をし、コレクションを拝見すること以外に、私にはもうひとつ目的があった。

それは、私が津軽で拾ってきた錦石《にしきいし》らしき石を、割ってもらうことである。

私は以前、錦石が拾えるという津軽の海岸まで、そのためだけにわざわざ出かけて行き、おそらくこれがそうだろうと思った石を拾って帰ってきたのだが、この錦石というのもいわばジャスパーやアゲートと同じ種類の石である。当然、本当に錦石なら、中を割ってみれば美しい色や模様が出てくる。ぜひ中を見てみたい。

ということで握りこぶし大のその石を持ってきた。（p242・写真13）

山田さんにさっそく尋ねてみる。

「あのぉ、これは津軽で拾ったんですが、錦石でしょうか」

「そうですね。錦石だと思います」

おおお。

やはり、そうだった。

「ということは、これを割れば中に美しい色や模様が出てくるということですよね」

期待に胸が高鳴る。

「……いえ、これはもう割れてる状態ですね」

え？

これで割れている？

ということは、これ以上美しい色や模様は出てこない？　これで精一杯ということ？

んんんん。

本当だろうか。言葉を返すようだが、私の錦石は、一部に窪みがあって、その奥になにやら透明感のあるキラキラした水晶的なものが見えているのである。

これは石の中で輝ける何かが私を待っている証ではないのか。(p242・写真14)

「見てください。この奥に何か見えるんですよ。ここを削れば何か出てくるのではありませんか」

私は食い下がった。

「いえ、この穴はこれで全部でしょう。何も出てこないと思います」

ガーン！

ショックにもほどがある。私はこの錦石がいったいどんなふうに化けるか楽しみで、ここ数日そのことばかり考えていたのである。

するとと山田さんは言うのだ。

「これはこのまま磨けばいいじゃないですか」

え？

「磨けばどうかなりますか」

「磨いてみましょうか」

「あ……、はい。お願いします」

もはや地味な中身が見えてしまっている石を磨く意味があるのか、という気がしなくもないが、ここは山田さんにお任せすることにする。

山田さんは、お風呂場へ石を運ぶと、手持ちのポリッシャーを取り出し、そこにダイヤモンドの粉末が練りこまれているというディスクを装着して、おもむろに磨き始めた。マンションの一室でこんな音たてていいのだろうか、というような大きな音をたてながら、黙々と磨いていく。（写真15）

「光ってますか？」「光ってます」


石には黄土色のまだら模様みたいなものがあったが、あれがすべすべになったところで、地味であることに変わりはないだろう。

私は、こんな期待できない石に手間を取らせてしまって申し訳ないという思いがふつふつと胸に湧いてきて、今さらながら大変恐縮した。何か手伝うべきではないかとも思ったが、何をしていいのかわからなかった。むしろ近くにいると作業の邪魔なような気さえする。

山田さんは、水でびしょ濡れになりながら、黙々と磨いてくれた。

時折、ディスクを目の細かいものに段階的に交換しつつ、研磨剤《けんまざい》を振ったりして、30分ほども磨き続けただろうか。時間がたつにつれ、どんどん申し訳なくなっていく。こんな地味な石を磨いたところで、どうせ徒労に終わるのは目に見えているではないか。

ところが、

「どうでしょうか」

と磨かれた石を見て、私は驚いてしまった。

なんとそこには、まったく予想していなかった変化が起こっていたのである。

「透明になってる！」

それまで灰色だった部分が、ガラスのように透明になり、黄土色は少し金色に見えなくもない輝きを見せて、全体に奥行きのある模様が浮かび上がっていた。

「光ってますか？」

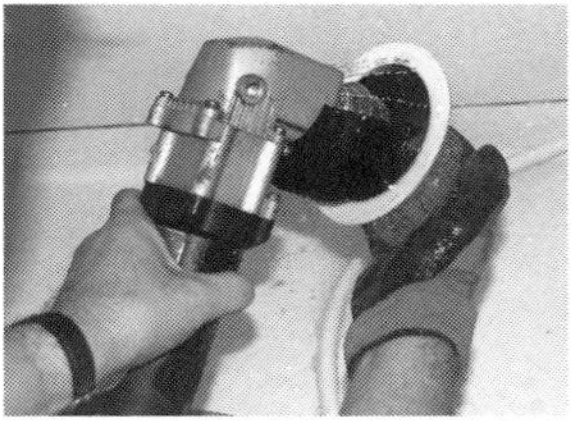
15. ポリッシャーで錦石を磨く

「光ってます、光ってます」

それは見事に光っていた。

まさかこんなに美しい石に化けるとは思わなかった。（p242・写真16・17）

凄い！

それはまさしく、今の今まで山田さんが見せてくれていた数々の石と同じワンダーな雰囲気を醸し出していた。

「全部磨けなくてすみません……」

山田さんが磨いてくれたのは、石の片面だけだったが、それで十分だった。むしろ片面は拾ったときのままの姿であるほうが自然な感じで味がある。全面的に磨いてしまうと、単なるガラス玉のようになって無粋なのだ。

考えてみれば、山田さんも、石を全部きれいに磨いてしまうのではなく、敢えて原石を切断しただけの形で保管されている。

そうすることによって、もともと石が自然のなかにあったものであることを思い起こさせ、完全にカットされてすっかり人工物のようになってしまった石よりも、かえって自然の驚異を驚異のままに見せつけてくれる感じがする。

錦石がもう割れていると聞いて、すっかり盛り下がった私であったが、こんな素晴らしい石に化けるとは、期待以上である。

山田さんは、体じゅうすっかりびしょ濡れになりながらも、私が喜ぶ姿を見て、満足げに微笑んでいる。本当に申し訳ないことをした。と同時に、ありがたい。

そして、これまで私は、石は変に加工せず、拾ったまま自然のままの姿がいいに決まっていると思っていたが、そんな気持ちがすこし揺らぐのを感じた。

自然の風合いを残しつつも、少し加工することで、見違える石もあるのだ。

そもそも『不思議で美しい石の図鑑』に載っている石は、当初私が今回の石拾い企画で思い描いていた石の魅力——色と模様だけでなく、さわり心地や、手に持ったときのしっくり度合いを含めた魅力——という意味では、外れている。

周囲はゴツゴツしているし、半分に割った形は手に持ってしっくりくるとは言い難い。そこに私はジレンマのようなものも感じなくはなかったのである。これは宝石へと通じてしまう道ではないかと。

人工的で単調な宝石。そんなものには興味もない。私には、水晶だって卒塔婆に見える。だから、いくら色や模様がいいからといって、肌合いのよさを犠牲にしてまで愛玩したくない。私の《石拾い道》は、そんな安易な妥協を許さないものだったはずだ。って、そんな道があったとは自分でも今初めて知ったが、とにかくその厳しい掟と、『不思議で美しい石の図鑑』の世界との間で葛藤があったのである。

だが、山田さんに磨いてもらった錦石を手に持ってみると、これはそういったジレンマを超えていた。

そこには自然が残っている。手に持ってしっくりくるままで、美しい模様が浮き上がっている。

これはありではないか。

いくら美しくても、ゴツゴツした石は拾いたくないが、これなら拾いたい。拾ってまた、今度は自分で片面だけ磨きたい。今はそんな気分であった。

そのへんの石ころに、侘び寂びを見る。

それが私の《石拾い道》であった。だが、そういえば、侘び寂びの世界にも、〈きれいさび〉というのがあったはずで、たしか小堀遠州《こぼりえんしゅう》だったか、とにかく磨かれて美しさを増した今回の錦石は、その〈きれいさび〉に相当する……ということにする。ので、今後も、不撓不屈《ふとうふくつ》の精神で、石拾いの道に精進いたします。

あまり長居しても申し訳ないので、われわれはこのへんで辞することにした。本当はもっといろんなことを質問しようと思っていたのだが、ものすごいコレクションを前にして、頭のヒューズが飛んでしまい、何を訊きたかったのか半分ぐらい忘れてしまった。今日1日のメモリが、もうすでに石でいっぱいなのだ。

あらためてお礼を言い、仕事部屋を退出した。

ずいぶん仕事の邪魔をしてしまったにもかかわらず、山田さんは、最後まで素敵な笑顔で見送ってくれた。

帰り道、編集の武田氏が、

「棚にプログレのCDがどっさりありましたが、あれもかなり奥深いコレクションでしたね」

と言っていたが、私の頭にはもうメモリが残っていなかったので、それについてはほとんど記憶がない。

石、石、石。
私の頭のメモリは、石でいっぱいになっていた。

＊1　ジャスパー　泥や火山灰などの堆積物が石英質になったもので、赤、緑、黄土色などの色がついた、不透明のもの
＊2　アゲート　玉髄のうちで、色や模様が美しく変化に富んだもの。メノウ。

# ❖東京ミネラルショーを見に行く

## 私も風景石が欲しい

私が目指す石の道は、買うのではなく、自分で拾うことにある。地味な石であっても、自分で拾い、そこに侘び寂びを見出したいという欲求がある。

だが、メノウコレクターの山田さんに会って、私は自分の中の何かが微妙に揺らいだような気がした。

もちろん、山田さんの『不思議で美しい石の図鑑』で紹介されているような美しいジャスパーやアゲートを、買い集めようと思ったわけではない。

けれど、ひとつだけどうしても引っかかる石があるのだった。

風景石である。

どう見ても人が描いた絵のような模様が浮かび上がっている石。風景石には、抗いようのない魅力を感じる。

山田さんも、風景石に出合ったことがメノウを集めるきっかけになったと言っていた。

私も風景石が欲しい。

欲しいけれども、拾うのは不可能である。糸魚川で拾った薬石に、風景のようなものが浮かび出ていたが、その程度では満足できない。

なんでも毎年、鉱物好きが集まる東京ミネラルショーという催しがあって、そこに行くといろいろな石が展示即売されているという。山田さんも、そこで何度も石を買ったそうである。

きっとそこに行けば風景石があるだろう。

しかし、と私は思ってしまうのである。

買うのはどうなのか。

己の信じる石の道から外れるのではないか。

買うことが外れるだけではない。いい感じの石と呼ぶには、風景石は出来すぎている。それは器でたとえるならマイセンや柿右衛門レベルの石であって、私の標榜する〝普段使いの器レベルの石に侘び寂びを見出す〟という話とは食い違ってくる。

風景石を私のコレクションに加えてはいけないのではないか。

んんん、悩ましい問題である。

だがまあ、見るだけなら、罰は当たらないだろう。ということで、東京ミネラルショーに行ってみることにした。あるいは、私の求める、いい感じの石みたいな展示もあるかもしれない。

山田さんの話によれば、ミネラルショーは、近年ますます大盛況で、石ガールも多く来ているらしい。石ガールなんて本当にこの世に存在しているのか、その点もついでに確かめてきたい。

## いかがわしいぞミネラルショー

今回見に行ったのは、池袋のサンシャインシティで開かれる東京ミネラルショーである。聞くところによれば、初日の朝はものすごい混雑だそうだ。誰よりも早く行って、いい石を一番で手に入れようということだろう。石マニアたちの強い意気込みが感じられる。

それならば、われわれも初日の朝から行ってみようと、武田氏とともに、開場30分前に出かけていった。

だが、それでも甘かった。会場前には、『スプラッシュ・マウンテン』か『プーさんのハニーハント』並みのものすごい行列が出来ており、しかも、ドアの前だけでなく、チケットブースにも長い行列がある。まずチケットを買う列に並び、さらにドアのほうに並びなおさなければならないのだ。ひょえええ。（写真1）

それでもとにかく並ぶしかない。

30分並んでチケットを手に入れると、すでにミネラルショーはオープンし、ドアの列は開場内になだれ込んだ後だった。

1.「スプラッシュ・マウンテン」かというような会場前の行列

会場はとても広く、300店以上がブースを出していた。

そこらじゅう、石だらけ。石、石、そして石。いろんな石が売られている。（p244・写真2）

一口に石といっても、いろいろな分野があって、多いのは原石、すなわち水晶だの黄鉄鉱だの、ジャスパーももちろんある。加工してペンダントやネックレスにして売っているところもあった。ほかにも小さな宝飾店のようなブースもあれば、化石の店や、まれに水石《すいせき》を売っているところもある。

ペンダントやネックレスなどの加工品はスルーして、主に原石を売っている店を中心に見ていった。

面白いのは、海外からの出店も多いことだ。

ざっと見ただけでも、ロシア、ブラジル、アメリカ、チェコ、ネパール、インド、パキスタン、ウルグアイなどの名前が見える。売り子も外国人で、国際色豊かというか、こんなところでいきなりアウェイ感というか、エキゾチックな雰囲気を味わうとは、想像していなかった。

壁に張り紙があって、注意書きが書いてある。（写真3）だますやつも多いから気をつけろというわけだ。主催者側も責任持ちきれないってところが、すごい。コントロール不能。

なんか外国の市場に来たような気分である。

と思っていると、何が欲しいの、とおっさんが声をかけてきた。その店は化石の店だったので、正直に、いや、風景石なんかを、と思わず答える。

「風景石なら、あそこの店だよ。あと、○○○って店にもあるんじゃないかな」と親切に教えてくれた。

そしておもむろにすぐ近くの店を指し、「ああいう店では買わないほうがいい」と耳打ちする。

「ああいうおじいちゃんは趣味でやってるからね。全然石のことわかってないから。はたで説明聞いてても、専門用語の使い方がめちゃくちゃでね。私なんか、大学で何年も地質とか勉強しましたからわかるんです。普通はそうですよ。そういう人がやってる。でも、中にはああいう素人も混じってるから、気をつけたほうがいいね」

おお、ますます外国に来た気分だ。

よそは信用できない➡うちは信用できる
というロジックは、日本でも聞かないことはないが、海外の旅先でよく聞くのである。ひそひそ声で、耳寄りな情報ふうに語るところがミソだ。果たして本当かどうかはわからない。どっちもどっちだったりするのは、よくあるパターンである。

いかがわしいぞミネラルショー、なんだかわくわくしてきた。

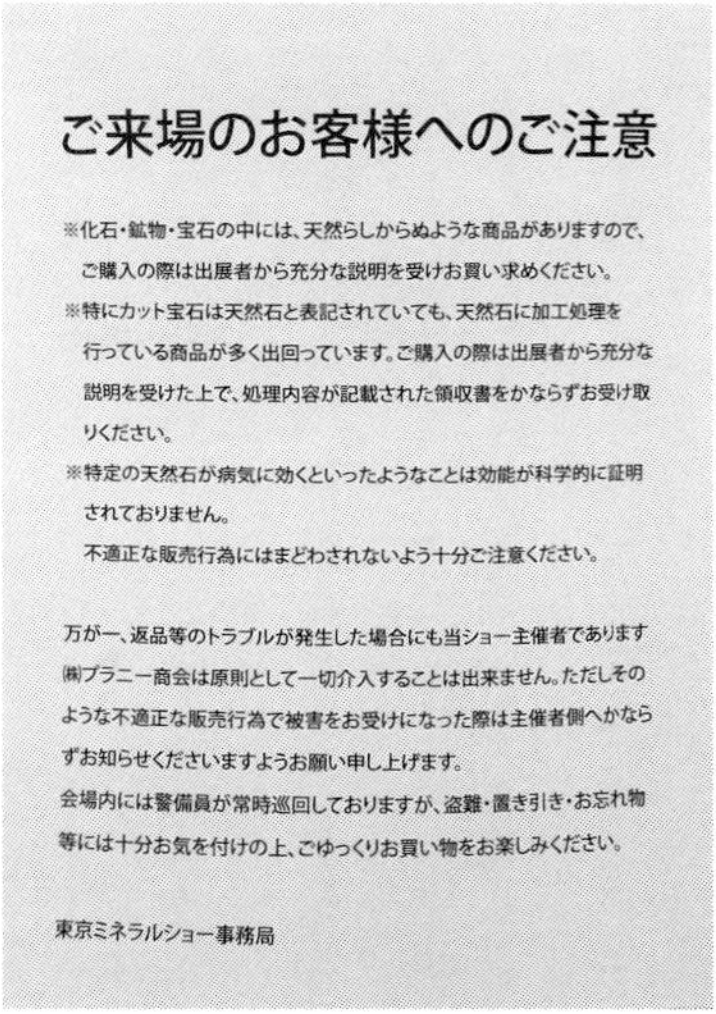
ご来場のお客様へのご注意

※化石・鉱物・宝石の中には、天然らしからぬような商品がありますので、ご購入の際は出展者から充分な説明を受けお買い求めください。
※特にカット宝石は天然石と表記されていても、天然石に加工処理を行っている商品が多く出回っています。ご購入の際は出展者から充分な説明を受けた上で、処理内容が記載された領収書をかならずお受け取りください。
※特定の天然石が病気に効くといったようなことは効能が科学的に証明されておりません。
不適正な販売行為にはまどわされないよう十分ご注意ください。


万が一、返品等のトラブルが発生した場合にも当ショー主催者であります㈱プラニー商会は原則として一切介入することは出来ません。ただしそのような不適正な販売行為で被害をお受けになった際は主催者側へかならずお知らせくださいますようお願い申し上げます。

会場内には警備員が常時巡回しておりますが、盗難・置き引き・お忘れ物等には十分お気を付けの上、ごゆっくりお買い物をお楽しみください。

東京ミネラルショー事務局

3. 主催者もコントロール不能といった感じ

注意書きにもあったように、そもそも石なんて人工的に作れる場合もあるし、値段もなんとでもつけられるから、いかがわしさの入り込む余地おおありなのである。私もアジアの田舎で、怪しい現地のおっさんに、ルビーの原石だのなんだのを売りつけられそうになったことがよくある。インドでは、これを買っ

4. 写真には写っていないが若い女性も少なくない

て日本にもっていけば、10倍の値段で売れると言われ、思わず信用して、だまされたこともあった。

「あの人なんか、元・生保のおばちゃんだよ。全然専門家じゃない。来年は出店停止でしょう」

と、おっさんは言った。出店停止なんてことも、よくあるようだ。

「私のようなアメリカの業者は大丈夫。モラルが厳しいからね」

この人アメリカ人だったのか。てっきり日本人かと思った。日本語もペラペラで、顔も完全に東アジア系である。

「ウルドゥ語しゃべるのは気をつけたほうがいいね。ネパールとかチベットとか、アフガニスタンとかも、気をつけたほうがいい。パキスタンは大丈夫でしょう。今年はイマーム来てるから。イマームわかる？」

聞いてないのに、何でもしゃべる。どこまで本当かわからない。そういうやつが一番怪しい気もする。

まあ、話はほどほどに聞いておき、その場を離れた。

周囲を見回すと、お客さんは老若男女さまざまである。（写真4）

山田さんが石ガール増殖中と言っていたが、実際、若い女性も多い。ネックレスなどのアクセサリーだけでなく、原石を熱心に見ている女性もいる。なかでも色鮮やかな貴石《きせき》のブースが人気のようだ。女子高生が友人同士で買いに来ていたのには驚いた。学校行かなくていいのか。学校サボってでも石が欲しいということか。

んんん、そうだったのか。やはり、石ガールは実在するのだ。

一方で、化石の店は石ガール少なめであった。さらに女性客が全然いないのが、老人趣味的な鑑賞石、水石（盆石《ぼんせき》）の店だ。もともとミネラルショーには水石のブース自体少ない。そっちはそっちで確固たる世界が確立されており、水石専門の展示会が開催されるから、わざわざミネラルショーに出店しないのだろう。

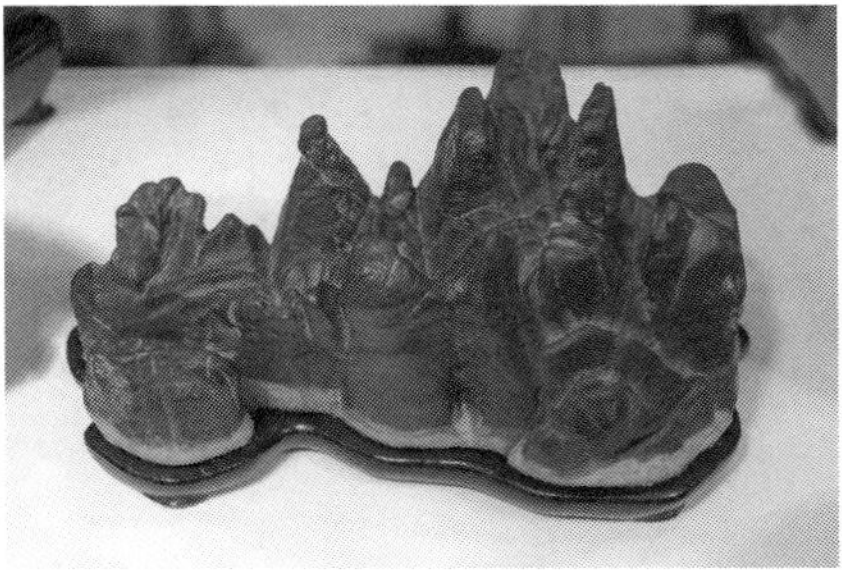

5. 本物の山のような水石

私は水石も嫌いじゃないので、その店も見物した。菊花石などに混じって、山の景色をミニチュアにしたような石が売られていた。風景石同様、風景に見えるものは、何でも興味がある。参考までに値段を見たら何万円もした。（写真5）

とても買えない。買えないけれど味わいを感じて眺めていると、店のおじいさんが、これはいいものだよ、と売り込んできた。すかさず、お金があったら欲しいですねえと、ごまかす。するとおじいさんは「こういう石が好きな人は、最後は、丸くて黒い石にいくんですよ」と面白いことを言った。

「どんな石ですか」

「もう売れたんだけど、この石ですね、最後はこういうのがいいと思うようになるんです」

それは黒々として、重そうな、本当に単なる丸い石だった。（p244・写真6）

## こんなものいったい誰が欲しがるだろうか

よく、男は年を取ると、庭や植木に興味を持つようになるが、もっと年を取ると石へいくと言われ、石にいったら人生も終わりのような言われ方をするのだが、それがつまりこのような水石の世界のことで、この何の変哲もない黒くて丸い石が水石の終着点ということは、これに興味を持ったら、もうほとんど死んだも同然ということになろう。

そう言われてみると、石が、死者の魂を凝縮したものに思えてきた。例として適当かどうかわからないが、人間の生命を消しゴムだとすると、その消しゴムをごしごし使って消費して、そのとき出たカスを集めて丸めたような、そういうような感じがする。

こんな石を見ている場合ではない。

なんとなくいつまでもそこにいると取り憑かれそうな気がして、われわれは、そそくさとその場を後にした。

7. 隕石も売っている

貴石、水石のほかに、隕石の店も少なくなかった。

ブース全体が黒々している。

隕石が、そんな気軽に手に入るものだったとは知らなかった。（写真7）

どれも黒く、持ってみると重い。小さいものだと500円ぐらいで売っていた。これは息子が喜ぶんじゃないかと思い、思わずひとつ買う。

後に、また別の店で、火星からの隕石を売っているのを発見。火星からの隕石？　ほんまかいな。火星からどうやって石が飛んでくるんだ。それともどこかの宇宙船が採ってきたのか。宇宙のことはさっぱりわからない。

そして隕石以上に見かけたのが、化石の店である。

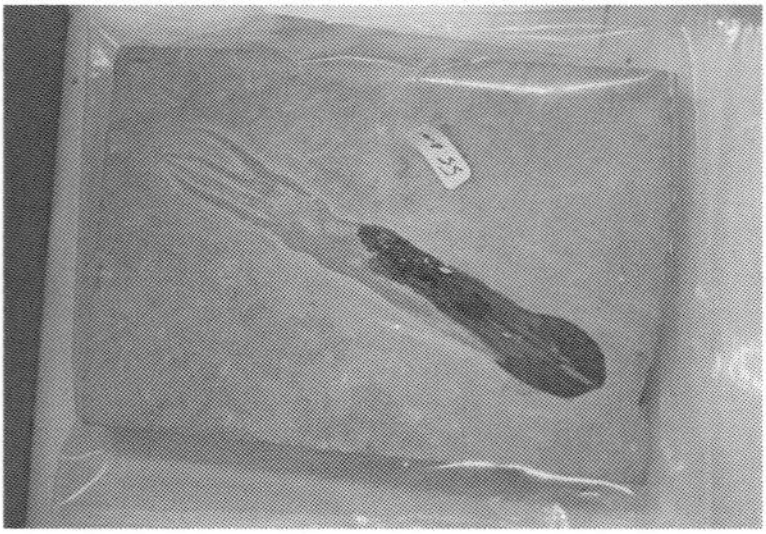
8. 欲しいと思ったイカの化石

三葉虫やアンモナイトの化石は多く目に付いた。隕石といい三葉虫といい、こういうものは滅多なことでは手に入らないものかと思っていた。ずいぶん安い値段がついていて、信じられない気持ちである。

化石は、形もよく残っていて、三葉虫はヒゲのようなものがいっぱい生えて気持ち悪いものもあったが、アンモナイトはどれも美しかった。息子が喜ぶのではないかと思い、思わず１０００円のやつをひとつ買う。

息子ではなく、自分が喜ぶのではないか、息子をだしに自分が欲しくて買ってるのではないかなどと、読者はゆめゆめ疑ってはならない。むしろここは父の息子への愛を読みとる場面であるという点、念のため断っておく。

ちなみに化石の店では、サメの歯の化石もよく見かけた。三角形の歯なのだが、これの魅力がさっぱりわからない。象牙《ぞうげ》とか何かの牙ぐらい長く尖っているなら見栄えもするが、ただちょっと尖っただけの歯なのだ。

迫力も感じないし、見た目の奇抜さもなく、こんなものいったい誰が欲しがるだろうか、と思ったら、専門の店があって、いっぱい展示してあった。サメの歯にもマニアがいるのかもしれない。
　一方、同じ店にあったエビだのイカだのの形が浮き出た粘土板のような化石はよかった。とくにイカは安ければ欲しいぐらいであったが、値札シールを見ると5万5000円！（写真8）
　みんな本気か。本気で石になったイカにそんな金出すのか。
　それとも、これは安いのだろうか。まるで見当がつかない。

## 風景石を買ってしまった

　そこらじゅう面白いので、この調子でいつまでもうろうろしていられそうだったが、いい加減、本題に入らなければならない。

　私がここに来た目的は、ひとつは私が拾うような石も売っているかどうか確認するためだったが、予想通り、いい感じのする石みたいなものは売っていなかった。これが陶芸の世界なら、何の変哲もない普段使いの器のなかに、いい感じの器を探すという展開もありえるのだが、何しろ石は普段使わないから、そういうことは起こりえない。

　ただ、このあいだ糸魚川で拾ったような薬石はいくつか売られていた。もちろん100円程度のかなりの安値であったけれども、私が拾った石も、このぐらいなら売れるのかもしれない。

そしてもうひとつ、今回私がここにやってきた最大の目的は、風景石である。

風景石を見てみたい。

いくつかの店で板状のものを売っていた。板状だけでなく、もっと小さなペンダントヘッドぐらいに加工したものもあって、それもなかなか見ごたえがあった。本当に風景のように見えるのだ。

石のなかに、山があり、丘があり、畑があり、海があり、空があり、雲がある。

こんな石が自然に出来るとは、実に信じがたい。

値段を見ると、きっちりと風景が出ているものは、5センチ四方程度の大きさでも、1万円以上した。中でももっとも値段の高いものは、折り重なった丘の向こうから、青空に日が昇ってくるという体の風景石で、大きさにして5センチ程度しかないにもかかわらず、2万5000円の値がついていた。ほかに安いものもあるのだが、それらはさらに小粒か、あるいは風景がところどころ崩れてしまっていた。

見ているうちに、ひとつ欲しくなってきた。

さっきのイカよりは安いけれど、2万5000円はさすがに出せない。出せないだけでなく、石を買うのは、私の主義ではないという問題もある。私にとって、石は拾うものだ。その拾う行為含めての石なのだ。

ここは我慢するところであろう。

衝動に任せてこんな高価なものを買ってはいけない。

そうして買うのは断念しつつも見続けていると、突然女性がやってきて、私が目をつけていた風景石を手にとり、眺めはじめたのである。しかもなんとトレイに載せて、買おうとしているではないか。

思わず私は、買うつもりはないけれども、2番目に目をつけていた石を手に取ってキープした。

この女性に買われてしまうと、もう見ることもできなくなる。

そして手に取ったその石を、私はじっと眺めた。

なんと美しいんだ。この世のものとは思えない。

女性はひとつでは満足せず、さらにいくつかの風景石をトレイに載せているようだった。全部買うつもりであろうか。あるいはいったん、気になったものを全部トレイに並べ、それから選ぶのかもしれない。

いずれにしても、どれかは買うだろう。もし全部買うなら5万円以上にはなるはず。石にそんな大金を平気で投じる女性がいるのか、と思ったが、宝石だったら、それどころでは済まない。むしろ5万円で好きな石が手に入るなら安いものである。

私が手に取った石は1万5000円のものであった。

まさかそんなものを買う予定はなかったから、財布には8000円ぐらいしか入っていない。

「あのう、武田さん」

「はい」

「お金貸してもらえないでしょうか」

「いいですよ」

って、おおお！

なんということだ。結局買っているではないか。

1万5000円……。

何の役にも立たない石に気軽に出す金額であろうか。

その金があれば、息子にサッカーシューズも買ってやれるし、娘にぬいぐるみも買ってやれるし、そもそも現在生活費が不足気味というかなんというか……。

でも買ったのであった。

買ってしまったものはしょうがない。覆水盆に返らずである。

不思議だったのは、買う前に、それだけ金を出した場合、今月の私の小遣いはどうなるか、などと全然考えなかったことだった。何とかやっていけるだろうとか、そういうことすら考えなかった。ただ買ったのであった。

結局細かい検討は買った後から始め、それさえも、もう買ってしまったものはしょうがないということで、途中でやめたのである。衝動買いとはこのことだろう。

## ミネラルって石のことじゃん

だが、それだけでは済まなかった。

大きな買い物（私にとって）をして、気持ちも大きくなったのであろうか、それとも何かが麻痺したのだろうか、おかしなことに、1000円ぐらいの石ならいくつ買っても問題ないように思えてきて、気がつくと私は、風景石以外にもきれいな石をいくつか買っていたのである。

それは私が拾おうとしているいわゆる〝いい感じの石〟ではなく、本当に色鮮やかな鉱物や化石で、石ガールが買いそうなエキセントリックなものばかりだった。ひとつはインドネシアのサンゴの化石であり、ひとつはモロッコのアズライトという青い石であり、さらにはブラジルの緑鮮やかなウグイスメノウだったりした。

そのほかに息子名目で買ったアンモナイトの化石や隕石もある。

気がつくと、完全に鉱物趣味の人になって、石を買いまくっていた。

違うんだ。私はそうじゃないんだ。もっとそんじょそこらの何気ない石に、新しい魅力を見出そうとしているんだ、と訴えたかった。誰に訴えればいいのかわからないが、そうだった。

ミイラ取りがミイラじゃないけど、なんだか方向性が違ってきている。世の大きな潮流にのみ込まれそうになっている。せっかく見出した石の侘び寂びを見失いかけている。

だがこれは私の目指す世界ではないと思いつつも、こっちはこっちで惹かれるものがあり、帰ったら今日の戦利品を家のどこに飾ろうかなどと考えている自分がいたのは、つくづく情けないことであった。

おそるべし、東京ミネラルショー。（p244・写真9）

だいたいミネラルというと、食べ物や飲み物に入っている栄養素のひとつみたいに思っていたが、よく考えてみれば石のことだった、ってところもおそるべし。

そして唐突にまとめるけれど、今回東京ミネラルショーに来て感じた最大のポイントは、石ガールだなんだといって流行り物を見物するような気分で来てみたら、石の世界は、とっくの昔から確固たる趣味として確立されたジャンルであったということ、それは流行ではなく定番だったという事実であった。

世間はみんな、昔から石が大好きだったのである。

# 伊豆・御前崎石拾い行

## 原点に立ち返らなければならない

風景石をはじめとして、私が東京ミネラルショーで手に入れた石は、隕石や化石やメノウなど、多少なりとも市場価値のある石たちであった。もちろん売ってるのだから当然なんだが、かねてより私の標榜しているいい感じの石ではなかった。

何度も言うようだが、いい感じの石とは、海や川で拾える石のなかで、形や色や模様や触り心地が、なんかいい感じのする石のことで、値段にすれば0円である。

0円の石のなかから、いい感じのものを探す。

それはたとえば器でいえば、柿右衛門やマイセンではなくて、普段使いの雑器のなかに、さりげない美しさを見出すようなもので、それこそがこの連載のコンセプトだった。

ところが、メノウコレクター山田英春さんのコレクションを見せてもらったり、東京ミネラルショーに出かけて行ったりしている間に、微妙にズレてきた気がしないでもない。

実際、メノウのなかには、不思議な色、形が、私の琴線に触れるものが少なくなく、それはそれで好きになったのである。

だが、やはりそれだけでは息が詰まるというか、家じゅうの食器が全部柿右衛門だったら、もうちょっとあっさりとした食器はないのか、と言いたくなるのと同じように、もう少し普段使いの器というか石を重用したくなる。むしろ大勢は普段使いの石で固め、ここぞというときだけメノウを使うという、そういう布陣でいきたい気分だ。

そうした市場価値0の普段使いの石、って普段石使わないけど、そうしたいい感じの石に対する世間の理解はちっとも進んでおらず、これまでも、私が各地で拾ってきた石に対する妻の反応は、「これ、どうすんの」のひとことだけであった。ひとつひとつの石の素晴らしさを吟味することもなく、妻の関心はその保管方法についてのみ。もっと言えば、保管すること自体どうなのか、というような苛立ちを言外に匂わせていたのである。

「これ、どうすんの」って、見ればわかるだろう。

愛でるのだ。

このような世間の心無い風当たりに対し、大いなる疑念を抱く私は、ならば、あえて市場価値0の、いい感じの石一押しでやっていこうという、そういう決意とともにこの連載をスタートさせたのであった。

それなのに、気がつけば東京ミネラルショーでいっぱい石を買っていた。

言ってることとやってることが違うのではないか。こんなことではだめだ。

私は、己の本分である、いい感じの石を拾うという原点に立ち返らなければならない。

## 侘び寂び的にいい感じの仁科海岸の石

というわけで、また石拾いに行くことにした。

メノウコレクターの山田さん情報によると、伊豆にいい場所があるらしい。さらに御前崎もよかったというから、同じ静岡県ってことで、両方まとめて行ってみようと思う。

同行するのは、例によって編集の武田氏と嵐を呼ぶ奇岩ガールである。

「今回も、半笑いで送り出されました」

沼津で借りたレンタカーのなかで、さっそく武田氏は言った。

「前回糸魚川で拾った石を、会社の机の2番目の引き出しに入れてるんですが、同僚に見せても、まったく反応ありませんでした」

そんなもん、趣味は人それぞれであるから、落胆するようなことではない。私だって、たとえばAKBのお宝グッズとか見せられたとしても、まったく反応できないだろう。レアもののナイキのシューズだって同じだ。いつだったか、知人がカイエンを買ったというので、何それ？　と思ったら高級車だと教えられ、まったくそそられなかった。だいたいちっとも高級車らしからぬネーミングじゃないか。風邪薬か中華料理屋の名前かと思ったのである。このように人の興味はそれぞれなのだ。

そんなことより武田氏は、会社の机の引き出しに入れてるってところが、問題である。なぜそんな無防備な場所に保管するのか。盗まれたらどうするのか。拾った石は自分で持っていてこそ価値があるのだ。盗まれたら市場価値は0なんだから、ただの石になってしまう。他人事ながら大変心配である。

さて、今回の静岡石拾いの旅、最初の目的地は、西伊豆の仁科《にしな》海岸である。

石が拾える海や川は日本中にあるけれど、いい感じの石が拾える場所となると案外少ない。もちろん何をいい感じとするか、その定義によっても違うわけだけれど、なるべく色や形の豊富な石が落ちている場所が面白いし、できればメノウが混じっていると気分も盛り上がる。

そういう石拾い向きの海岸や河原がどこにあるか、それを網羅的に示してくれているガイドブックやホームページは、残念ながら今のところ日本にない。

唯一それに近い本が、誠文堂新光社から『石ころ採集ウォーキングガイド』（渡辺一夫著）という書名で出ているが、内容は、玄武岩《げんぶがん》、花崗岩、凝灰岩など、地味な石が多く、いい感じの石が拾えそうな場所という観点で掲載されてはいないので、この本は、どんな石でも石なら好きという、地学趣味の人向けだろう。

私としてはもう少し色気のある石が拾いたいと思うから、そうなると、あとは口コミ情報を集めるしかないのだが、この口コミ情報が少ないのだった。

そんななか、山田さんが仁科海岸を教えてくれた。ありがたい。そんな海岸ちっとも知らなかったが、地元では、いろんな石が拾える場所として知られているらしい。

というわけでレンタカーで海岸沿いを南下、やがて堂ヶ島を過ぎ、目指す仁科川の河口にたどり着いた。

浜辺に下りると、ものすごい西風が吹いている。少し湾状になったゆるやかな海岸線に、大きな白波がくりかえし打ちつけていた。

波打ち際から離れていても、冷たい波飛沫《しぶき》が飛んでくる。どどーんという波濤音が絶え間なく響き、それが今にも自分に被さってきそうで、石を探しながらも、何度も海のほうを確認してしまう。ちょうど石を探して下を向いている無防備なときに、大きな波がやってきて、パクッと食われそうなのである。（p76・写真1）

実に落ち着かない。

波の様子を観察していると、波は一回ごとに大きくなるようであった。次の波はきっとここまでくるだろう。思わず後ずさってさらに観察。

しかし、実際には一定のライン以上はやってこないし、波ばかり見てるわけにもいかな

1. 仁科海岸は寒かった

いので石拾いに集中する。

仁科海岸の石は、やや大きめのものが多かった。

どこでもそうだが、パッと地面を見渡した瞬間は、さほどいい石が落ちているようには思えない。自分にしっくりくる石がすぐに見つかることは、まずない。

それでもあきらめず、丹念に見ていくことが石拾いでは重要で、それこそ茶器を眺めるときを思い出してもらうとわかりやすい。

この浜に落ちている石が全部、普段使いのありふれた雑器だと仮定する。

このなかからいいものを探そうと思っても、全部安物である。だからざっと見て選べと言われると、そこにいいものはないように感じて、まるごとスルーしてしまいそうになる。

しかし、そうした雑器もひとつひとつ表情は違って、丹念に選んでみれば、これしかないという一品が隠れている場合がある。

それはある意味、少し審美眼のハードルを下げているのかもしれない。だが、一旦そういう目が出来てしまえば、逆に、一般にいいとされている有名ブランドの茶器などがかえってわざとらしく、大仰でケバケバしいものに見えはじめることはないだろうか。しまいには、そんな高価な茶器はむしろ無粋、とまで思うようにならないだろうか。

ある種負け惜しみのようでもあり、貧乏人気質のようにも見えるが、それこそがすなわち侘びと寂びの境地であり、そういう目で仁科海岸の石を眺めてみると、ここは侘び寂び面で個性のある石が多い海岸であることがわかってくる。（p78・写真2）

地質学的なことは私にはわからないけれども、色も形もさまざまで、きっと出自の異なる石が集まっているのだろう。

とりあえずは、気になった石を拾い集めていった。

足元を見ながらゆっくり歩き、ときどきしゃがみこんで探す。

気になる石とは、色、模様、形、大きさ、手触りなどがいい感じのもので、どういう感じがいい感じかといえば、これは言葉では説明できない。色が派手だと目に付くけれど、まったく派手でない石でもいい感じの石はあるし、個人的に、形の手ごろな丸っこいものが好きだけれど、丸っこくなくても模様が不思議で見応えがあるものがある。そういうのは全部、一旦取り置いておく。

2. 仁科海岸の石は好感度大

3. 決勝進出石の数々

そうして30個も集めたら、これら予選通過石のなかから、さらに最終予選を行い、自宅へ持ち帰る決勝進出石を10個ぐらい選ぶ。決勝があるのかといえば、そんなものはないんだけど、たくさん持ち帰ると重いから絞るのである。

そのときも絶対的な基準はなく、感覚だけで選んでいく。

仁科海岸の石はバラエティがあったので、選ぶのもひと苦労だった。

おまけに西風が強くて寒かったから、もっといい石を探したい気持ちもあったものの、1時間も拾っていたら、我慢できなくなってきた。ある程度拾うと、そろそろ行きましょうか、と誰からともなく言い出して、さっさと撤収することになった。

もっと時間をかければ、さらに上質な侘び寂びを感じさせる石が見つかりそうだったが、寒さには逆らえなかった。

残念ながら、これは、というハイグレードな石は拾えなかった。持ち帰ることにした石は、ざっくりこんな感じだ。（写真3）

これほど西風が強いということは、伊豆半島の東側で拾ったほうがいいのではないか。

そう考えたわれわれは、次なる目的地である菖蒲沢《しょうぶざわ》へ進むことにした。

## 2大セクト「模様派vs形派」

松崎から県道15号線で山を越えて河津《かわづ》に入り、そこから海岸沿いを南下して、われわれは今日ふたつめの石拾いスポット菖蒲沢にたどり着いた。

ダイビング施設の駐車場に車を停め、小ぢんまりとした浜に下りる。すでに日は半島の西に傾いて、東向きの浜はとっぷり日陰になっていた。そのかわり仁科海岸であれほどわれわれを悩ませた強風は、ここではすっかり影を潜め、海面はベタ凪といってもいいほどだ。思った通りである。（写真4）

ではさっそく石を、と思って浜を見回した瞬間、驚いた。

そこらじゅう、石英だらけだったのである。（p245・写真5）

半透明の白い石があちこちに転がっている。こんな海岸見たことない。

実はこの付近は、すぐ近くの別の海岸が『石ころ採集ウォーキングガイド』にも載っているなど、石好きの間では有名なスポットのようだ。駐車場を借りたダイビング施設でも「石拾いですか」と聞かれたぐらいである。

ダイビング施設なのに、いきなり「石拾いですか」って、その前に「ダイビングですか、それとも……」とか一応訊いたらどうなのか。まるでわれわれが、この冬にダイビングな

4. 菖蒲沢は小さいが実力十分

どしそうにないワイルドさに欠けた存在というか、ちょっと度胸のないタイプみたいではないか。そうまで言われては黙っちゃおれん、あえて潜って水中で石を拾い、目にもの見せようかとも思ったけども、今回に限り非ワイルドタイプということで了承した。海岸の石たちがさっさと拾うよう、私を呼んでいたからだ。

ここでの石拾いは入れ食い状態。他の海岸であれば絶対に持ち帰ったであろうレベルの石を、ポイポイ放り捨てながら厳選した。

菖蒲沢の石がいいのは、ただ石英だというだけでなく、小さな穴があってその中にときどき、ギザギザした水晶が隠れている点である。いわゆる晶洞というやつだ。（p245・写真6）

なんだか、大自然の神秘を垣間見るようではないか。

「こんなに石英落ちてるところないですよ」

奇岩ガールも上機嫌だ。

そんな彼女が拾った石のなかに、デンドリティック・アゲートと呼ばれる、まるで樹木のような模様が浮かんでいるものがあった。

山田さんの『不思議で美しい石の図鑑』にも載っていたやつだ。

そんなレアな石まで拾えるとは。

普段なら次々と移動しながら石を拾うのだが、ここでは一ヶ所にじっと座って探すだけでもいろいろ見つかりそうな気配があった。もともと広い浜ではないのだが、それでも十分に楽しめる。日が落ちてみるみる肌寒くなってきたが、われわれはしつこく拾いまくった。

ただ、拾いまくっておきながらこんなことを言うのはなんだが、石英というのは、きれいだし目立つものの、いい感じがするかという点においては、微妙なところがあると正直私は感じていた。

華やかさはあるけれど、これら半透明の白い石を、単体でポツンと置いてみると、形がゴツゴツして落ち着きが悪いように思う。おかげで、拾っても拾っても、心を打つほどの石には出合えないもどかしさが募った。いったん拾った石をさらに選別しようとして、私はとまどってしまった。

もっといい形の石はないのか。

その石の持つ佇まい、というか存在感は、形に大きく依存している。どういう形がいいとは一概に言えないのだが、あまりチマチマ凸凹しておらず、パッと見てバランスがいいというか、たとえいびつな形でもストンと収まっているというか、何とも説明できないが、いい形のものは見てすぐにわかる。

その意味では、菖蒲沢の石英たちは、予選通過しても決勝トーナメントで敗退ぐらいの印象にとどまるものばかりだった。（p245・写真7）

んんん、もう少し形をがんばってほしい。と思っていると、武田氏や奇岩ガールが、菖蒲沢から引き上げて沼津へ戻る車の中で、「結局、模様なんですよね」「そうですね。模様が気になりますね」と、模様派宣言をしていたから、驚いた。

模様だって？

もちろん、色も模様も形も、手に持ったときの感触も、すべていいに越したことはないが、どれかひとつとなった場合、模様ってことはないんじゃないか。

何を言うか、お前が東京ミネラルショーで買った風景石、あれの魅力は模様ではないのか、と言われればたしかにそうなんだが、もしあれが動物だったり人間の模様だったら買わなかった。風景が気に入ったのである。別の店で風景がそのままミニチュアになったような形の水石を売っていて、私はそれにもそそられた。結局それは、私の風景好きがそうさせたのであって、模様でも形でも風景がそこに見えればよかったのだ。だから、あれは形か模様かという問題とは別の興味なのである。

石を拾うときは、やはり形がよくないと私はピンとこない。しかし、模様だと断言する人たちがここにいる。

微妙に理解できない。

そんなわけで、にわかに
模様派vs形派
という、2大セクトの存在が浮かび上がってきた。これが後に起こる大きな派閥抗争の火種となるのかどうかそんなことは知らんが、目下急速に世を席巻しつつある石拾いムーブメントもいよいよ風雲急を告げ——。

って、何？　世を席巻してない？

あ、そうですか。模様だろうが形だろうがどっちでもいいですか。

## あるときはあるし、ないときはない

沼津に一泊した後、われわれはさらに今度は西へ向かい、焼津であらたに車を借りて今回3ヶ所目の石スポット、御前崎へ向かった。御前崎が石拾いスポットだったとは知らなかった。

その道すがら、奇岩ガールが突然へんなことを言い出した。

「メノウコレクター山田さんのインタビューの最後のところで、プログレの話がちょっと出てきたじゃないですか。実は私もプログレ大好きなんですよ。山田さんて巨石好きですよね。私も巨石好きなので、プログレ好きと巨石好きは何か関係があるのかなあと思うんですよ」

するとと武田氏も、

「僕も好きですよ」

と言い出して、ふたりでプログレ話をしはじめたのである。

巨石とプログレ？

わからん。私はとくにプログレ好きではない。

この後、ふたりの話はみるみるマニアックになり、私はすっかり置いていかれた格好になった。

よくわからないし、私にはどうでもいい話であるが、ここで気になったのは、奇岩ガール、武田氏、さらにメノウコレクターの山田さんという3人と、私との間に、何やら溝のようなものがあるらしいことである。

さっきの模様と形の話もそうだった。奇岩ガールも武田氏も模様派であり、おそらくは山田さんもそうだろう。

なぜか私だけが形派で、プログレがわからず、巨石はまあ嫌いではないけれども、目が離せないほどではない。

「プログレは忍耐なんですよ」

武田氏が言った。

「忍耐？」

「そうです。1曲20分とかありますから」

1曲20分……。

だから何なのか？　それと石に何の関係が？

プログレも巨石も、ボリュームが大きいという意味か。

んんん、わからん。いずれにせよ、私ひとり何かが通じ合っていない気がする。今後の検討課題としたい。

御前崎は、地図で見ると、遠州灘にむかって、キューピーの頭のようにチロッと突き出した岬で、浜岡原発があることで有名である。

われわれがレンタカーを停めたのは、ちょうど灯台と原発の中間地点あたりの丘の下で、いくつかの風車越しに、無味乾燥な原発の建物が見えていた。

「今、東海地震が来たら、われわれはどうなるんでしょうね」

8. 御前崎は石拾いの穴場

などと言いつつ、浜に下りる。

浜には石に混じってたくさんの細い流木が打ち上げられていた。例によって、第一印象はあまりいいものがなさそうに見えたが、そうであっても意表を突いていいものが拾える場合が多々あるので、あてにならない。（写真8）

最初は、まるでオカリナのようにきれいな穴が並ぶ石が多く目に付いた。面白いと思ったのだが、それらは少し強く握っただけでボロボロと崩れてしまい、石ではなく粘土だったようだ。

そこで今度は、穴のない石を見ていくと、第一印象では普通に見えた石たちが、案外質が高いことがわかってきた。思った通りだ。

波に何度も洗われたせいだろうか、角のとれた丸っこい石が多く、海はたいていそういうものとはいえ、そんななかでもここ御前崎の石は丸みが際立っているように感じられた。

色の明るい丸っこい石というのは、それだけで佇まいに味がある。あんころ餅のようなかわいい円形の石もあったし、楕円形でも、くるみ形でも、なかには円形になりかかったものが半分に割れて、半月のようになった石もあったが、それもそれで佇まいがよかった。（p246・写真9）

菖蒲沢のような華やかさはない。しかし私はここが気に入った。

奇岩ガールも、糸魚川ではすぐに飽きてボーッと海を眺めていた武田氏も、ここでは集中して拾っていた。

「石拾ってると一旦飽きるんですけど、すぐにまた拾いたくなりますね」

武田氏は言う。

「あと、ときどき、このへんが怪しいって思うことがありますね。あれは何なんでしょう」

「それ、わかります。何なんでしょうね。いい石がひとつあると、そのへん掘りますよね」

奇岩ガールも賛同。

「そうそう、ここだ、みたいな。結局ないんだけど。なんか宝くじみたいなもんで、次は当たるような気がするんですよ」

たしかに、気のせいかもしれないけれど、ここらへんに何かいい感じの石があるんじゃないかと思うポイントが時々ある。どこも似たような石が転がっているにもかかわらず、何となくここかな、という。でも武田氏も言う通り、結局そんな予感とは関係なく、あるときはあるし、ないときはないんだが、そのへんは何だかギャンブルのようで面白い。

われわれはその後、灯台の下あたりの海岸にも移動して、さらに拾った。

そうして最後に、持ち帰るものを選び、残りはリリース。２日にわたる静岡石拾いの旅が終了した。

個人的に、御前崎が一番よかった。

形も丸みが手ごろだったし、模様はすごいというほどではなかったが、色もバラエティに富んで悪くなかった。

そんな石、どこでも落ちてるだろ、と思う者には、今後おそろしい災禍がふりかからんことを。

# ❖アフリカ専門旅行会社スタッフ・久世さんの石

## 社内で文鎮代わりに使われる石

旅先で石を拾う。というのは、私にはよくあることで、海外旅行に行ったときなど、記念にひとつそのへんの石ころを拾ってきたりする。

かつてパキスタンのインダス川上流に行ったときは、川原で面白いリング模様の入った石を見つけ、拾って帰ってきた。当時は、あまり石慣れしていなかったので、ヒマラヤにはずいぶん珍しい石があるものだと感銘を受けたのだが、日本に帰ってきて石拾いに行ってみると、リング模様のある石などそこらじゅうで落ちていて、がっかりした。日本ではハチマキ石などと呼ばれていて、珍しくないらしい。全然知らなかった。

そういうことは行く前に言ってもらいたいものだが、それはともかく、私のように、旅先でつい石を拾ってしまう人間は他にいないのかといえば、当然のことながら、今や世の中にはどんな人でもいる。そういう人たちはいったいどんな石を拾っているのか、一度見せてもらいたいと、かねがね思っていた。

そこで、そんな人のひとりに会いに行ってきた。

久世清重《くせきよしげ》さんは、アフリカ専門の旅行会社『道祖神』に勤めるベテランスタッフである。Facebookに海外で拾ってきた石の写真を載せておられ、それを目ざとく見つけたわれわれは、さっそくアポイントを取りつけ、石を見せてもらいに行った。

平日のオフィスに伺うと、久世さんはとてもにこやかな笑顔で迎えてくれた。

「いいんでしょうか、仕事中に」

と恐縮するわれわれを、

「大丈夫ですよ」

と打ち合わせテーブルに案内してくれる。

パーテーションの向こうからは、何やら仕事上のこみいった電話をする声が聞こえており、こんな平日の忙しい時間帯に、石ころの話なんかしてる場合だろうか、と思ったが、久世さんはとくに気にする風でもなく、そういうことならわれわれも遠慮なく、話を訊くことにした。

「ツアーの同行でよくナミビアに行くんですが、そこでよく拾ってくるんですよ」

1. 久世さんの石はどれもキラキラしている

久世さんは言った。

「ナミビアでは、クオーツ（水晶）とか、そういう石の地層が、地表からどーんと突き出てるんですよ。人間の背丈より高く。それが見える限りうねうねと広がっている。そういうのを見てしまうと、ここすごいなあと思うんですよ」

「その地層のなかに水晶が？」

「そうです。もちろんたいてい濁っていて、きれいなものは少ないですし、そこは国立公園のなかなので、見るだけですけど。鉱山跡なんかへ行くと、拾えたりするんですね」

言いながら、久世さんは、いくつかの石をテーブルの上にごろっと並べた。

さっそく石の登場だ。

透明な石、黒い石、丸っこい石、いろいろある。（写真1）

「社内で文鎮代わりに使われてるんですけど……」

「文鎮！」

ずいぶんおしゃれな文鎮だ。あるいは逆に、誰もおしゃれだと思わないから文鎮扱いされているのかもしれないが。

「これきれいですね」

私は、うっすらと青みがかった透明感のある石を指さした。

「これは、持って帰ったときはもっと大きかったんですけど、割れちゃって」

と久世さんは言うのだが、今でも子どもの拳ぐらいはある。私はあまりゴツゴツした石は好みじゃないけれど、さすがにこれだけきれいな石が落ちてたら拾うだろう。

「こっちは宮田さんが好きそうな……」

武田氏が目をつけたのは、何やらつぶつぶした石だ。(写真2)

「横から見ると風景に見えるというか」

たしかに風景に見える、というのは私にとってキーポイントである。その意味では悪くない。

「これ何ですか？ 鍾乳石《しょうにゅうせき》です

2. 何だかわからないがいいような気がする石

3. 植物のような模様のある石

4. タクラマカンの石

か？」

「何でしょうね。水晶みたいにでっかい岩の内側に出来るんですけど」

内側？

思わず小腸みたいなものを想像して、気持ち悪くなった。岩というのは何考えてるのかさっぱりわからない。

そのほか植物のような模様がついた板状の石。（p93・写真3）

「これ、植物っぽい模様があるでしょう。羊歯《しだ》の化石かな」

一瞬、このあいだ奇岩ガールが伊豆の菖蒲沢で拾ったデンドリティック・アゲートを思い出した。化石なのかどうなのか。

「全部ナミビアなんですか」

「今のはみんなナミビアで拾った石です。あとこれは中国で拾ったものですね」

そう教えてくれたのは、黄土色の丸みのある石である。（写真4）

「こういう石が地平線までひたすら広がってて、全部同じ色なんですよ。凄い景色だなあと思って拾ってきちゃいました」

「中国のどこですか」

「タクラマカンです。あと、こっちの玄武岩っぽい黒いのは火焔山《かえんざん》近くの川原の石です……」

　んんん、ナミビアにタクラマカン、世界を股にかけている。地名を聞いただけでなんか雄大な感じがしてワクワクする。私も、これがナミビア、これがタクラマカンとか言いながら石を並べてみたい。糸魚川とか、御前崎では、なんかパンチが足りない。しかも唯一私が海外で拾ってきたパキスタンの石は、日本でも普通にある石だったのである。悔しい。


**石好きは遺伝でしか広がらない？**


「仕事で行ったときに拾うことが多いんですか」

「今はそうですね。海外に行ったとき、とくにうちみたいにアフリカばっかりやってる会社だと、砂漠へ行ったときですかね。お客さんの手前そうそう拾うわけにはいかないんですが、たまに1、2個拾ってきたりします」

「旅の思い出として拾うってわけではないんですね」

「違いますね。何度も行ってますから。あ、この石、みたいな感じで、直感で拾うだけです」

「他はどんなところに？」

「ケニア、タンザニアとかもよく行くんですけど、あっちは土が多くて、サバンナなんですよ。だから石もあるんでしょうけど、なかなか見つけにくいですね。かといって、ロッジの周りの石なんかは、他のところから持ってきて敷いてるものなんで。できればもともとそこにある石を拾いたいですからね」

それはそうだろう。旅先で拾うのだから、その場所のものが拾いたいのは当然である。

「だから砂漠のある国のほうが、石はいいものがあります。サハラのほうに行くと砂が固まってバラみたいになったやつとかね」

「デザートローズですね」

「ええ。さすがに拾うことはできなかったんですけど。あと、この石はエチオピアで」（写真5）

5. エチオピアの石。なんとなくねっとりしている

そういって久世さんが示したのは、一見普通だが、ねっとりとした光沢を放つ存在感のある石だった。私には今回の石のなかで、これが一番しっくりくる感じがした。どこが、と訊かれると難しいのだが。

「トレッキング中に、たしか3000メートルちょっとのところで休憩してたんですけど。ちょうど座ったら、そこにあったんです」

んんん、出合い方もいい。

「これのどこに魅力を感じたんですか。色ですか」

「縞模様ですかね」

「なんか手ごろな感じがありますね」

「あんまり見ない石だったんで。どういう石かって調べてないんですけど」

「んん、でもこれわかります。持ち心地が手にしっくりくるというか」

　この石は、重さといい、肌触りといい、何か感じるものがあった。写真でそれを伝えられる自信はないが、ぎゅっと詰まった濃縮感というのだろうか。ときどき見た目より少し重い気がする石があって、本当に他の石に比べて比重が大きいのかどうかはわからないけれども、私の場合、そういう石はなぜか好感度が高い。不可解な現象といわざるを得ないが、実際そうなのである。

「もうひとつトルコ石が混ざった石があって、これも気に入ってるんです」（写真6）

「これはどこで拾ったんですか」

「アンゴラですね。これは削ったらきれいなんじゃないかな」

6. アンゴラの石。ピンクとブルーが美しい

「削らないんですか」

「削らないですね。たしかに、ものによっては、グラインダーで削ると、よりきれいになると思うんですけど、なんか削っちゃうと、拾ったときの感動が薄れちゃうので、水洗いした程度でいいかなあと」

私もその気持ちはわかる。あまりきれいにしすぎると、人工物のように見えてくるからだ。やはり石には自然のものである感じが欲しい。

とはいえ、こないだ山田さんに磨いてもらった錦石は、今ではすっかり気に入って、いつも机の上に置いて眺めたりしている。主張に一貫性がないが、錦石は削りたい。このへんは微妙なところである。

「これもトレッキングで？」

「そうですね。ワジっていう干上がった川があるんですけど、その川底で。あと他にも、社内で見つからないんですけど、文鎮代わりにしている木の化石があって」

「珪化木《けいかぼく》ですか」

「そうです。メノウ化したそれがあるんですけど。現地行くとペトリファイド・フォレスト、要は化石の森っていう世界遺産になってる場所が——氷河時代の針葉樹林が全部化石になって地表にゴロゴロ大木が倒れてる、みたいな凄い場所があるんです。そこから近いところで、世界遺産になるより随分昔に拾ったんですけど、それがどこかに」

「盗まれたとか」

「いえいえ。誰も（笑）。むしろ夏になって窓開けて風が入ってきたりすると、ちょっと借りるね、とかいって、重しに使われて」

「文鎮ですね（笑）。みなさん、あまり石は興味ないんですか」

「ないみたいですね。社内では」

「奥さんは？」

「ないですね。子どもは少し興味あるかな」

　んんん、石好きは、遺伝でしか広がらないのだろうか。

## 石を置く場所はやっぱり問題

「久世さんの一番お気に入りの石っていうのはあるんですか」

「家にありますね」

「どんな石ですか」

「黄色っぽいんですよ。黄色と緑が混ざったようなクオーツの……」

「どこで拾ったんですか」

「ナミビアです。ただそれはね、拾ったんじゃないんですよ。親が鉱山で働いてる子どもたちが、売ってたんです。われわれがご飯食べてるときに、すごく買ってほしそうな顔で(笑)。しかも全然ぼってないんですよ、普通は観光地だと1個40ドルとか50ドルとか平気で言ってくるんですけど、その子は現地のナミビアドルで5ドルとかいって、現在だと50円ぐらいなんですが、そういうふうに商売っ気のなさと真面目な表情を見てしまって、つい出されたやつを全部買ってあげたんですけど、よく見るとこれがよくて、家で洗ってみたら、すごく輝いてて」

おお、なんかいい話だ。やはりいいことをすると、いい石が当たるのである。

「それはどこに飾ってるんですか」

「トイレです(笑)」

「玄関とかじゃないんですね。まあ、一番見る時間長いかもしれないな」

「玄関はローズクオーツ置いてます」

「そういうのも全部ナミビアなんですか」

「ナミビアが多いですね。やっぱり」

なんか、だんだんナミビアに行きたくなってきた。

「ところで、なぜ石を拾うようになったんですか」

愚問かとも思いつつ、単刀直入に訊いてみる。

「父が大工で、休日が他の家と違うときなんかに、キャンプに連れていってくれたんですよ。で、釣りをしたり、川で石を探したりとかして。そんなときに、たぶんきれいな石を見つけたんでしょうね。そのへんが原点じゃないかな」

つまり、もの心ついたときには、もう拾っていたということだ。特別な理由などないのである。石を好きになるのに理由なんていらない。生まれつき好きなのだった。やはり愚問であった。

「で、そのあとは山が好きなので、山を歩きつつ、ピンときた石があると拾ったり」

「どういう石がピンとくるんでしょうか」

「やっぱり色、と、あとたとえば奥多摩だったら、石灰岩の山なんで白い石が多いんですけど、そこに化石なんかがあると、これいいなと。そう、化石も好きなんです。この会社に入ってからも、結婚する前まではよく休みとか旅行に行ってたんですね。ネパールのジョムソンとか行くと、アンモナイトの化石がいっぱい出るんですよ。それでハンマーとか持っていって、握りこぶしぐらいの石を割って、化石が出るとうれしかったりとかね」

ジョムソンというのは、ネパールのアンナプルナ街道をずっとヒマラヤの奥へ進んだ秘境である。景色が雄大なので、私も行ってみたいと思っている場所だ。

「そこへは石を拾いに行ったんですか」

「いいえ。トレッキングに行ったときに、道端で売ってたんで、ここはこういうのが採れるんだなと、それで拾ってきたんです。まあ、全部つながってますよね」

「つまり山も好きだし、石も好きだし、化石も好きと……」

「そうです」

「石を拾うために旅に出るというわけではないんですね」

「そうですね。ただ時間があったら行っちゃうかもしれないですね」

さすがの石好きの久世さんも、そうそう石のためだけに旅行するヒマはないようだった。それはそうかもしれない。石のためだけに行くより、ほかにも見たい場所行きたい場所があるのが普通だ。

「もうかなりの数のコレクションがあるんでしょうか」

「いえ、引越しのときに、友人にあげたりして、懐かしいものだけ取ってあります」

「いくつぐらいあるんですか」

「今、100弱ぐらい残してるかな。あんまり数えてないんですけど」

「で、家の要所要所に飾って」

「ええ。だから、こないだの地震のときは大変でした。床に傷がついて嫁さんに怒られたり（笑）」

んんん、たしかにこんなごつい石が落っこちたら、板敷きの床はボコボコになるだろう。だがまあ、地震がくれば、石じゃなくたって重たいものは落ちてボコボコになるだろうから、しょうがないのである。

「陳列棚に入れておくとか？」

「中学か高校ぐらいまではそれやってました。標本箱みたいな」

「今は入れてないんですか？」

「一時期かなり増えたんで、さすがにやってられなくなりまして。私は実家が狛江《こまえ》市ってところで多摩川の近くなんですけど、登戸《のぼりと》に、昔決壊したダムがあって、そのダムの下は昔からの川底で、水のかかってない場所に貝の化石がいっぱい出てるんですね。小学生のときにそれを金槌できれいに削って採ってきて……」

「おお、地学少年ですね」

「それはもう、そうでした。住んでいた場所の影響もあるかもしれないですけど」

「じゃあ、その頃は１００個と言わず、もう１０００個とか２０００個とかあったわけですか」

「そうです。どうすんの、って母親によく怒られてましたから」

「はは。どうしたんですか」

「父の資材置き場に置かしてもらって、さらに父が木で枠を作ってくれて」

「なるほど、お父さんは理解があったんですね」

「父も好きだったんでしょうね」

「血ですね。そのときのコレクション、もったいないですね」

「そう思います。置いとけばなぁって。まぁ実際には今の場所には置けないですけど」

「たしかに置き場は困りますね。私も拾いだしたのは、大きくなってからですけど、もうプラスチックケースがいっぱいで、だんだん溜まっていくからどうしたものかと。私の場合、ついたくさん拾ってしまうんですよ。久世さんは、拾うときはひとつしか拾わないですか、それとも……」

「探してる間は、3つ4つは常に手に持ってますけど、最後にはこれっていうひとつだけ持って帰ります」

「ひとつだけ？　んんん、心が強いですね（笑）」

私は、ひとつだけこれというのが選べない。仕方なく、10個までは持ち帰っていいと自分ルールを改訂したのだが、それでも10個と思うと15個ぐらい持って帰ってしまう。おかげでいつも帰りの荷物はめちゃめちゃ重いのだった。

ツアー客は素通り

久世さんは、さらに、

「石ばかりじゃなくて、砂丘の砂も一時集めてました」

と言う。

「フィルムカメラのフィルムケースってあったじゃないですか。あれに砂を詰めて。サハラとか、ナミブの砂とか、黄色っぽいタクラマカンの砂とか、ゴビ砂漠とか、モンゴルのバイクツアーとかもやってたんで、行ったら詰めてましたね」

「そういう砂のフィルムケースがいくつあるんですか」

「いや、そんなにはないです。10個ないかな。砂漠ってそれほど行かないので。ただそれをおもちゃみたいな顕微鏡で見てみたら、結構それぞれに違ってて面白いんですよ」

「そうなんですか」

7. ナミブの石

「色とか砂粒の形とか、みんな違うんだなあと。詳しく調べたわけじゃないですけど」

「なるほど」

「ナミブの砂は、アプリコットサンドといって、杏色の凄くきれいな色なんですよ。これが細かくなった砂で」（写真7）

この石は透明感があった。これが砕けた砂……。ひょっとして地面全体が透明なんだろうか。

「そのなかの鉄分が酸化して、こういう色になるんですね。世界で一番古い砂丘なんです」

「世界で一番古い砂丘！」

「普通は砂丘って移動するんですけど、ここのはあまり動かないんですよ」

「きれいだなぁ。久世さんはもともとこういう場所に行きたくてこの会社に入られたんですか」

「旅行がとにかく好きで。あと兄が半年以上もケニアに行っていて話は聞いてたんで、こういう仕事もいいなぁと」

「アフリカ狙いで」

「そういうわけではないんですけど、なんか結局アフリカになって」

「ほんとに少年の頃の夢が叶った感じですね」

久世さんがずっと笑顔なのは、天職を得た喜びがにじみ出ているせいかもしれない。

「10年くらい前か、メキシコの鉱山でものすごいでかい石膏の洞窟とか見つかったってニュースでやってたんですけど、ああいうの見に行きたいんですよ」

久世さんは言った。

「知ってます。あれかなり深い場所で、高温だって聞きましたけど」

「50℃以上あるらしいですね」

「でも持って帰って来れないですよね、あれは」

「まぁそうですけど、見てみたいですよね。巨大結晶みたいなのは」

「今までに、そういうすごい石の風景って見たことありますか」

「そうですね。ナミビアの鉱山の周りですかね。あそこはこんなの見たことないっていう景色ですね。はるか地平線まで褶曲《しゅうきょく》した地層が全部現れてるんですよ。それが黒雲母や花崗岩の地層になってたりその脇にクオーツが露出してたり、あとこのバウムクーヘンのような地層にずどーんと玄武岩が貫入していたり」

「そんなにあるといろんな人が採りに来るんじゃないですか」

「国立公園なんで採っちゃいけないんです」

「観光スポットなんですか」

「欧米では知られてますね。近くには大西洋岸のスワコプムントってドイツ領だった町があるんですね、そこから日帰りで行ける場所なんですけど。ナミビアはすごいんですよ。砂丘のなかには、ガーネットサンドといって、ガーネットが砕けて砂になってるところがあるんですけど、すごい輝きで、そこに行くと座ったときと立ったときで地面の色が違うんです。光の屈折で。そういうの見ちゃうと、すごく感動します」

　アプリコットサンドに、ガーネットサンド……。

「もう地球規模という感じがしますね」

「そうですそうです。ただお客さんに説明しないと、普通に素通りしてしまうんですよ。ここはこういう凄い風景で、こんな場所で、足元見たらこんな石が落ちてて言うと、はじめてみんなひっかかってくるみたいな」

「みなさん、あんまり石に興味がない？」

「そこちょうど眠くなる場所なんで……」

「え、なんで眠くなるんです？」

「お昼を食べて、移動してる途中で、ちょうどそのへん通る頃に眠くなるみたいで（笑）」


「一緒に行く人はいるんですか」「いないです」


「ナミビアかぁ、面白そうだなぁ。そうやって地学の目で見ると、ダイナミックですね」

「そうなんです。でもアフリカでもああいう風景が広がっているのは、南部アフリカぐらいですね」

「私はアフリカというと、野生動物のイメージでそんなに興味なかったんですけど、ナミビアはよさそうですね」

「そうですね。だいたいみんなアフリカは野生動物のイメージだと思います。とくに東アフリカはそうですね。これが西アフリカになると、民俗を見に行く感じになって、お祭りとかがあって。南はまた別で、ナミビアは野生動物よりも風景を見たいって人におすすめですね」

「行ってみたいなぁ」

「ナミビアはインフラがいいんですよ」

「道もちゃんと舗装されてるんですか」

「舗装のないところでも、きれいに整備されてるので、ダートでもスピード出しても大丈夫なんです。ガソリンスタンドにはコンビニがついてるから、食料とか手に入るし」

「こういうナミビアみたいなところに来るのは年配の方ですか」

「いや、そんなことはないです。年末年始も行ってたんですけど、そのときは8割が女性でした。しかもみんなひとり参加です」

「え？」

意外だ。なんで女性がひとりで？

「男の人は、変な婚活のイベント参加するより、こういうのに来たほうがいいんじゃないかと思いますよ」

「ナミビア行きます！（笑）でもなんでナミビアに女性が行くんでしょうか」

「わかりませんけど、旅行好きで、アフリカを旅行するのは2度目以降って人が多いです。最初は野生動物見に来たんで、次はそれ以外って感じで。やっぱり休みがとりやすいのもあるかもしれないですね女性は。あとそういうのにお金を使う感じがしますよね」

「旅行って、やっぱり女性のほうが好きですよね」

「うちに新婚旅行の相談に来るカップルも、だいたい女性のほうが打ち合わせに積極的で、男性は横でふんふんって聞いてるだけって感じですね」

「そういう女性は石拾ってますか」

「私がこういう話をすると、拾ってますね」

「石を拾う人も女のほうが多いのかな」

「いやぁ、こういう石は男じゃないですか。女の人は宝石ですよね、むしろ」

「じゃあ、石拾い旅行すれば、男も女も来て、いいんじゃないですか。最初から石が目当ての方はいないんですか」

「ナミビア旅行は大体2泊ぐらいは砂漠でキャンプなんです。それで初めて来て、こういうところなんですと説明すると、そのとき、へえ、って感じで」

「はじめて石の存在に気づく……」

「はい。だからこういうものを用意して」

久世さんは、なにやら小冊子のようなものを取り出した。（写真8）

「実はこれ、僕が書いたもので、ナミビアに行く人だけに配っている資料なんです」

見せていただくと、かなり本格的な内容である。

「これは……、かなり科学的な話も書いてますね」

「まぁ適当なことは言えませんから。で、こういうものを配っておくと、この石はこういうものなのか、ってみんなその場にしゃがみこんだりして」

「お客さんに、石に興味を持ってもらおうというわけですね」

「そうですね。ナミビアに行くなら、やはりね。冒頭に書いてるんですけど、その石がどこで生まれてどうやってここにやってきたんだろうって考えるとロマンを感じるんですよ」

「風景を見るときって、そういう歴史も見てるんですね」

「そうですね。秩父の石灰岩っていうのはもともとサンゴ礁だったわけで、昔はもっと南にあって、それが北上して日本にぶつかって隆起して、あそこに表面として出てきているものなんだって、妄想したり」

8. 久世さんと、ナミビアツアー参加者だけがもらえる小冊子

「わかります」

たったひとつの石を前にして、頭の中には地球規模のスペクタクルが渦巻くのだ。それがあるから、大自然の風物を見て感動する。

「いやぁ、こういう話が、できてうれしいです。普通の人に話すと、ふうん、で終わってしまうんで」

「私もなかなか連載させてもらえなかった」

「本当は、いるんですよ。わざわざ自分から発信しないだけで。話してて好きなんだって人はいますもん」

「どうせわかってもらえないって思ってるんでしょうか」

「こっそり家でにんまり、みたいなのが好きなんじゃないですか」

「錦石の話を聞きに行ったときもそうでした。石に囲まれてひとりチビチビ酒を飲むのが最高だって」

「現地で話していると、ツアー何日目かに酒が入ってくると、実は自分も好きだったたって人いますよ」

「酒の力を借りないと話せないようなことなのか（笑）。久世さんは仲間とかおられないんですか。いっしょに拾いに行く人とか」

「いないですね。家に来てくれた人に見せるとずっと長く見てる人とかいますけど、自分で拾いに行く人っていうのはあんまりいないですね」

石拾い仲間が出会うのは、現代でもなかなか難しいことなのであった。というか、別に仲間なんかいなくても、ひとりで拾っていればそれで満足ということなのかもしれない。

「あと、ナミビアはもうひとつ面白いことがあって、隕石が多いんです」

「隕石？」

「なぜか南部アフリカって隕石孔《こう》が多いんですよ」

「上に何も被さってないで、埋まらずに残ってるってことですか」

「そうですね。乾燥した時間が長いんでしょうね。アジアだとチベット以外は湿潤だから森などになってしまって、わからないんでしょう。でもナミビアは残ってるんですね」

「こないだミネラルショーで隕石売ってました。持ってみると重いんですよね」

「重いです。ナミビアには実際手で触れる世界最大の隕鉄があるんですよ。50トンか60トンかな。それがゴロンとあって」

「隕石は拾わないんですか」

「拾えないですよ隕石は。自分で見つけるのはかなり難しい。センサーとか持っていかないと。隕石には隕鉄といって、ほぼ鉄でできているものがあって、鉄に反応するセンサーがあるんですよ」

「そこまではしないわけですね」

私も隕石まで拾いたいとは思わないのだが、こうして聞いていると、久世さんの話は、いい感じの石とかいうレベルを超えて、もう地球と宇宙の話なのであった。実に雄大であって、素晴らしく、私もぜひナミビアの風景が見てみたくなったんだけれども、そういう視点で見てみると、私がこれまで拾ってきたような石ころは、なんとなくダイナミックさが欠けているように思う。

いや、石は元来、地球のダイナミックな造山運動によって生まれたものだから、そこに優劣はないはずなのだが、私自身のスタンスとして、そっちのほうには意識がいっていなかった。色とか形とか触り心地とか、その石単体でしか見ていなかったのである。

なんだか自分が、実に視野の狭い人間に思えてきた。

## 私はいったい何を目指しているのだろう

われわれはこのへんで、忙しい就業時間を割いてインタビューに応じてくれた久世さんにお礼を言い、その場を辞した。

家に帰って自分の拾った石を眺めてみると、これまでとくに地球とか宇宙のことまで考えが及んでなかったなとあらためて思った。理屈ではわかっているのだが、それはそれ、これはこれといった感じで、地球とか造山運動とか、そういう広い世界へと発想が羽ばたかないのだ。私はどうも、そういう宇宙規模の話ではなく、もっと雑貨か何かを見るような小ささで、石を眺めているらしかった。

ちょっといじけているのである。

久世さんの話を聞いて、私はナミビアに魅了された。しかしそれは、石を拾いに行きたくなったというより、そのダイナミックな風景の中に立ちたいという欲求、旅の欲求なのだった。

一方で、久世さんに見せていただいた石は、それ単体で見て、これは好きだとかこれはタイプじゃないなどと判断していた。石を見るとき、ナミビアはあまり関係がなかった。

思い返せば、メノウコレクターの山田さんの石も、東京ミネラルショーで見た石も、今回、久世さんに見せていただいた石も、どれもダイナミックな地球の息吹を感じる石ばかりであり、私が日ごろ拾っている石とは毛色が違う。私のは、もうちょっとしょぼいというか、よく言えば侘び寂びの滲む（と私が思っている）石である。正直、私はその石がどこで生まれ、どのようにして今ここにあるのか、なんていう地学ロマンに浸ったことは一度もなかった。

石を拾うといっても、人それぞれ考えていることは全然違うのだ。

私はいったい何を目指しているのだろう。

自分が石拾いに求めているものは、いったい何なのだろうか。

## ❖『愛石』編集長立畑さんに聞く

石は老人のものなのかどうなのか

私が最近石拾いにハマっていると言うと、人はたいていの場合、

「石?」

と怪訝《けげん》な顔をする。

そしてあからさまに興味のなさそうな、どうでもいいと言いたげな表情になって、「面白いんですか」などと聞いてくれればまだいいほうで、即座に「そうなんですかー。私が最近ハマってるものといえば、タイ料理かなあ」って、こらこら、石スルーすんな! 最近ハマってるものトークしてるんじゃないぞ。話すりかえようって魂胆みえみえじゃないか。

そこまでじゃなく、少しは石トークに付き合ってくれた場合でも、まあ5分ももてばいいほうで、それも最後は決まって、まだ早いんじゃないか、とか、ついに石にいってしま

いましたか、と、まるで私が人生の終焉を迎えたみたいな憐憫《れんびん》の情を示されたりして、どうやら人は、石といえば自分には一切無縁の老人趣味と思っているようなのであった。

なかには、男は子どものうちは昆虫が好きで、それがだんだん動物にいって、年をとると植物にいって、最後は石で、あとはない、石にいったら終わり、とか言う人まであり、思わず私は、石といってもそういう石じゃないんだ！　と反発したりするのであるが、ここでいう〝そういう石〟とは、つげ義春原作の映画『無能の人』で、竹中直人演じる主人公が、生活の足しに河原で拾って売っていたような石、つまり鑑賞用の水石のことを指している。石にちょっとした銘をつけ、床の間に置いたりして、眺めて楽しむ石である。

そうじゃなくて、私が拾うのは、もっとこうなんか〝いい感じのする〟石なんだ、といつも心のなかで訴え続け、実際、東京ミネラルショーでは、水石のブースで黒くて丸い石を見せられ、石好きは最後はこういう石へいくと聞き、そう聞くとまるでそれが死者の霊魂か何かのように見えて、逃げるようにその場を立ち去ったぐらいの私である。

だが、そうは言いながらも、自分自身では気がついていた。

自分のなかに、そういった水石的なものに惹かれる嗜好が、うっすらと存在していることを。

つまり私は、水石の世界は老人向けであり私はまだそこまではいってないと、自分でもはっきり線を引いて区別しようとしているにもかかわらず、実はその近くまで来ているかもしれないのだった。

水石だって、何も全部が全部老人的と決まったわけではない。奴らのなかにも、いい感じの石はあるはずだ。実は心の底ではそう考えている。

そんなことをうっかり口にしたら、秘密警察に密告されて、若い女性が近づかないオヤジ収容所に連行されそうだから黙ってるけど、本当は石に対する不当な差別に、かすかな憤りを感じているリベラル派なのである。

そこで、そこまでいくとあとはないと諷される水石と、私の標榜する〝いい感じの〟石の間には、どんな違いがあり、あるいはどんな共通項があるのかを探るため、一度、水石の世界をのぞいてみることにした。

「いったい何が見どころなのかと」

雑誌『愛石』は、水石を愛好する人たちのための専門誌である。

愛好家はどういう視点で水石を愛でているのかを探ろうと、武田氏とともに、その編集部を訪ねた。

ビルの4階にある編集部に入ると、にこやかな笑顔で迎えてくださったのは、編集人の立畑《たてはた》さんであった（写真1）。編集部といっても、編集者はひとりしかおらず、雑誌もほとんどひとりで作っておられるという。

そして立畑さんの背後には、棚の上に黒い水石がドコドコと並んでいた。

水石は全般に色味が少なく、黒っぽいものが多い。おかげで地味な印象がぬぐえない。そのため、どうしても若さと対極のところにあるイメージになる。老人の趣味とか言われてしまうのは、結局、色の問題なんじゃないかと、ちらりと思った。

さて、挨拶もそこそこに、さっそく本題に入る。

「今日は水石の魅力について伺いたくて参りました。私は石を拾うのが好きで、海辺でよく拾ったりするんですが、拾うのはべつに価値のない石というか、かわいいとか、丸っこくて色が綺麗だとか、模様が美しいだとか、そういうものを拾うんです。その意味では水石とは全然違うんですが、水石の世界にも興味を感じるものがなくはなくて、それは、山とか滝とか風景のように見えるタイプの石なんです。なんだかミニチュアみたいで面白いなと。でも、そうじゃない水石、なんというか、風景には見えない石になると、魅力がよくわからないんです」

1.「愛石」編集長の立畑さん

「ああそうですか。まあ、水石にも、いろんなタイプの石があるんでね。たとえば２０１３年４月号の62ページ、これは錦川というのは山口県ですけども、茅舎《くずや》石といって、家に見えるんですよね。壊れかけた家ですね」
「んんん、見えますかね」
「見えるんですよ（笑）。そりゃ、造りもんじゃないんでね。完全に家の形ってわけじゃないんですが、ここに似た石がありますけど、これは岩上茅舎と言いまして……」（写真２）
「岩の上の茅舎ですね」
「僕が石狩川で拾った石なんですよ。これが面白くてね、ひっくり返すとまた別の茅舎が現れるんですよ。こっちは庄屋風でしょ？　ひとつでふたつ見れるというね」（写真３）
「なるほど。そう言っていただくと、私にもこれが家だなというのがわかって、ミニチュア感があって、面白みもわかるんですけど。そうじゃなくて、どん、という石ありますよね。そこの、それとか。それはいったい何が見どころなのかと」（写真４）
「これは模様ですよね。筋の模様」
「模様ですか……」
「この石はもらいものなんですが、僕自身は、こう向きじゃなくて、こう作り変えたいんですよ、こっちを上に。今の向きだと石が傾いてる感じなんでね。たぶん、この台を作った方はこの肩のところを水平に見たかったんでしょうけど。でも僕はこう作りたいんです

2. 岩の上に家が見える

3. ひっくり返しても家

4. 何が見どころかわからなかった石

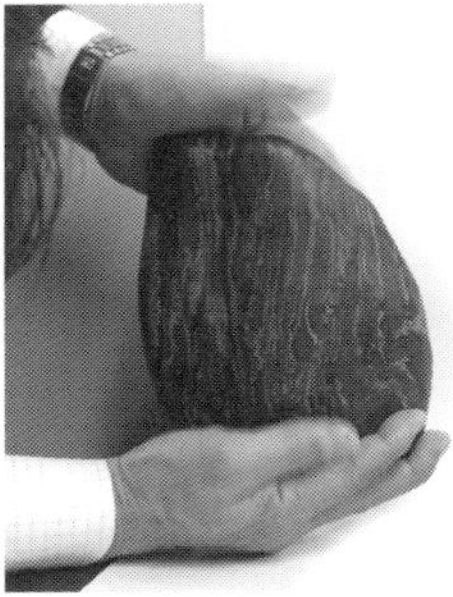

5. どっちを上にするか迷っているところ

6. この石と台がしっくりこないらしい

7. こうすればしっくりくるとのこと。なんとなくわかる

よ、こういう向きで」（p121・写真5）

　立畑さんが、そう言って石をひっくり返したのだが、言われて私は、水石はどの向きで見るか自分で決めるものなのだということをはじめて知った。そんなことは考えたこともなかった。思えば、置いて鑑賞するのだから、当然どっちを前にしてどっちを上にするか決める必要があるだろう。あらゆる水石は、誰かが決めた見せ方にしたがって、見ているというわけだ。

　そうしてもうひとつ単純に驚いたのは、石と台がぴったりはまっていることだった。

「これ、ぴったりはまってるんですね。この台」

「これはですね、拾った人が自分で作るんですよ。あとプロに作ってもらったり」

「プロがいるんですね」

「台というのは結構大事なんです。たとえばですね、これは、北海道で、即売で２０００

円ぐらいで買ってきた石なんですが」（写真6）
「はい」
「買ったんだけど、どうもしっくりこないんですよね。なんか台がぼてっとしてるんです。それで、プロに頼んで台作ってもらったんですよ。そしたら、ほら、すっきりしたでしょ」（写真7）
「すっきり……なるほど、なんとなくわかります」
「人間の服といっしょでね、この人にはこの服、とか相性があるでしょ。この石にはこういう台っていうのがあるんですよ」

「触り続けていると、光ってくるんです」


さらに私が不思議に思ったのは、どの石も、下がだいたい平らなことだった。（p125・写真8）

「展示されている石を見ると、どれも下が平らなんですが、これは切ってるわけですか」

「いや、なるべく平らな石を探して、それに合わせて台を作るわけです」

底が平らな石を選んで拾っている？

そんな都合よく平らな石があるだろうか。きっちり平らな石などそうそうないように思える。

台だけを単体で見せてもらうと、台の内側は平らでなく、石に合わせてデコボコに削ってあった。それによって、仮に下の面が多少平らでない石でも、安定した形で設置できるのである。だが、これはなかなか作るのに手間がかかりそうだ。

「でも、必ずしも下が平らとは限らなくて、これなんか、逆にすると下がほぼ平らになるんですが、それだと面白くないんで、こうやって見るんですよ」（写真9）

「あ、そうなんですか。私は普通に下が平らなほうが面白いと思うんですけど、こっちが面白いんですか」

「まあ、それが自分の好きな形なんだと思いますけど、この上の面がまっ平らじゃないところ、ここのゴツゴツ感が面白いんです」

「面白いんですか」

「まあ、人によって見方が違うんで。こうやったほうが僕は面白いかなと思って」

「それはこのゴツゴツした平面が台地みたいに見えるということなんでしょうか」

「いえ、とくにそういうことではないです」

「あ、ないんですか」

「必ず何か見えなくちゃいけないってことはないんです」

「はあ。そこがわからないとこなんですよね。記事を読んでいると、読者の方がこれが素晴らしくて一目惚れした、って石が載ってるんですけど、これのいったいどこが、って……」

「やっぱり、変化がいいんですよね。うねりのような変化があるじゃないですか。この石はそういうところがいいんですね。そこが見どころなんです。石はね、いろいろあるんですよ」

「はあ……」

「絵だって抽象的なものとかあるじゃないですか。それと同じで、具象のものと抽象のものとあるんですね。山型とか滝の形をしてるとか、それはわかりやすいんですけど、抽象となってくると、もう本人の心の世界ですね」

「心の世界かあ」

「たとえば、これは滝ですよね」

(p126・写真10)

「わかります。これはわかります。

8. そういえばなぜどの石も下が平らなのか

9. あえて平らにしないものも

10. 滝のある石

11. ますます滝に見える石

12. このテカテカがいいという

こういうのはわかりやすい」
「これも滝ですけど」（写真11）
「いいですね、わかります」
「でも、こうなってくると、非常に抽象的になってきて」（写真12）
「硯《すずり》みたいですね」
「まあこじつけで言えば、瓦とかね。見えなくもないですけど。たとえば、これが川に落っこちていたとしても、あまり拾ってこないと思うんですよ。形を求める人はね。でも、なんか抽象的で面白いなと感じる人は拾ってくるんですね」

「なんか、テカテカしてますね」

「手沢というんですけど」

「手沢？」

「ええ。ずっとこうやって触り続けていると、だんだん光ってくるんです」

「この光沢がいいわけですか」

「そうですね」

んー、すべすべして気持ちよさそうというのはあるが、わざわざ拾って鑑賞する気にはなれない。

「あと風景に見える石以外にも、これなんかどうです、菊に見えるでしょ」


「ゴルフみたいなもので、自己申告ですよ」

と、立畑さんが持ってきたのは不思議な石だった。（p128・写真13）
「菊？」
私には、なんとなく、悪魔の手が何かをぎゅっと握ってるように見えたが、何より今まで黒い石ばかり見ていたために、急に世界に色がついた気がして、新鮮だった。
「菊花石《きっかせき》というんですけど。群馬県の下仁田産なんですよ。これは大変珍しくて、今じゃ

13. 菊花石

14. 梅花石

こんなのはもう採れない」

「この色彩はすごいな」と武田氏が感心した。

　私もすごいと思う。すごいけれども、きれいかと言われると正直、なんとも答えられない。

「んん、たしかにすごいけど、魅力と言われるとわからないです。これは模様が珍しいってことですか」

「まあ希少価値でしょうね」

「希少価値ですか……」

　まあ、あんまり見ないのはたしかだった。

「それから、こういうのもあります。関川の梅花石《ばいかせき》」（写真14）

「たしかに、梅の花が咲いてるように見える」

　菊に比べて、ずっと穏やかで親しみやす

い石だ。しかし単体でこれを飾って鑑賞したいほどではない。それなら梅を飾ればいいような気がしなくもない。

「わかりやすいのが、こういう陰陽石《いんようせき》（笑）」（写真15・16）

「おお！」

「出来すぎてるんで、作りものだと思いますが」

15・16. 陰陽石。ひっくり返すと陰が陽に

「自然だったらすごいですね。でも、面白いっていうのはわかりますが、鑑賞しようっていう気持ちがわからない」

「これを鑑賞する人はいないでしょう（笑）。お守りとかにするんじゃないですか」

「やっぱり鑑賞はしないか（笑）。そういえば前に秩父に行ったときに、人面石を集めて、1000点ぐらい展示されてるおじいさんがおられたんですけど。人面石はどうですか」

「人面石ばっかり並べられてどうだと言われると、引いちゃうと思うんですけど、鑑賞石がたくさんあるなかに、ひとつそういうものがあると、いいねというようなことはあると思います」

「まあ門戸は閉ざされてはいないわけですね。ところで、こういった石にグレードみたいなものはあるんでしょうか。格付けとか。こっちよりこっちがいいという差はどこからくるんでしょうか」

「それはもう見る人の価値観の違いでしょうね。あとは付加価値があるとか」

「付加価値？」

「たとえば、有名人が持ってたとか。あるいは産地ですとかね」

「ああ、産地ですか」

「産地によってブランドみたいなものがありましてね。たとえば京都の加茂川石なんていうのは、ブランドなんですよ。ほかにも鳥取県の佐治川石、北海道の神居古潭《カムイコタン》石ていうんですけど石狩川とか」

「産地が違うと同じような石でも値段が変わってくるんですか」

「名前があるだけで、やや高いですね」

「それ、証明できないですよね。これここで拾ったって言えばいい」

「まあゴルフみたいなもので、自己申告ですよ。でも、だいたいわかるんです。これが佐治川だって言ったって、見る人が見れば、そんなことはないってわかる。これは安倍川だろうと。そりゃ慣れてくればわかる。それぞれ産地によって岩脈が違うから質が違うんです」

なるほど産地によって石の質も違うのだ。

それを聞いて、私ははっと思い出した。

「そういえば、実はベトナムでもらった石がありまして、今日持ってきたんですけど、これがいい石なのかどうか、よくわからなくて、見ていただきたいんです」

## 中国の石、紅焼肉

そう言って、ザックの中から石を取り出した。もらったはいいが、なんだかガキガキしていて痛そうであり、飾る気にもならなくて、持て余していたのだ。（p132・写真17）

「ほう、これは太湖石《たいこせき》に似てますね。中国の」

太湖石というのは、太湖周辺で産出される、穴のたくさん開いた石である。

「いいんじゃないですか」

「何にも見えないんですけど」

「いや、見えなくていいんですよ。どういうふうに見れば、これがいい感じに見えるかなと考えるんですよ。たとえば、こういう台をつけると面白いんじゃないですか」（p133・写真18）

「面白いですかね」

「いや、面白いと思いますよ。モニュメントとして」

17. ベトナムでもらった石

「あ、モニュメントとしてね」

「ちょっとこう、見られるじゃないですか」

「見られる？　何に見られますか」

「だから何かの形に見えなくてもいいんですよ」

「頭でっかちでバランス悪い感じじゃないですか」

「そうとも言える。けど、それが面白いじゃないですか、動きがあるというか」

「はあ」

理屈はわからないではないのだが、やっぱり共感できない。これを見て、いいなあ、って気持ちにならないのだ。そのへんは趣味の問題と言うしかないのか。

石を個別に見ていっても、わかるものはわかるし、わからないものはわからないので、ずっと平行線かもしれない。

私は、少し話題を変えることにした。

「あの、失礼かもしれませんが、こういうのは年配の方が好きなイメージなんですが、若い方もいるんでしょうか？」

「滅多にいません」

18. どう鑑賞するかは自分次第

「女性は？」

「女性も少ないですね。全体の1割ぐらいかな」

「なぜ年配の方にうけるんでしょうか」

「やっぱり派手さがないし、渋いといいますかね。枯れてるということもあるし（笑）。ある程度日本の文化というか、そういうものに興味を持つ年齢にならないと目がいかないいんじゃないですかね」

「こういうのは日本だけなんですか」

「いや、もともとは中国から来たんだと思いますよ。韓国にもあるし。２０１３年の3月号ではカリフォルニアの石の特集もしたんですよ」

立畑さんは、『愛石』のバックナンバーを開いて見せてくれた。そこにはアメリカ人の愛石家の集合写真とアメリカの石が掲載されていた。

「カリフォルニアの人もみんな日系人っぽく見えますね。西洋の人はいない感じが……」

「いや、こっちのページを見ると、向こうの人もいますよ」

「ほんとだ。カリフォルニアは、石が派手ですね」

同じような石でも、向こうのはうっすらと緑がかっていたり、赤味がかっていたりした。

「いえ、これでも結構日本的な石なんですよ。向こうの人たちは日本を見習ってやってるんです」

「そうなんですか。ということは、やはりこの世界では日本がリーダーなんですか」

「いや、そうともいえなくて、日本的なものを好むのがアメリカの人たちなんですよ。で、逆に中国の人たちはまったく異質な石を好むんで、日本のような侘び寂びがまったく感じられないんです」

「そうなんですか」

「そうです、これとか」

立畑さんは、中国の雑誌を開いて見せてくれた。そこには、色といい模様といい、これまで見てきたものとはまるで違う彫刻のような石が載っていた。

「うわ、肉みたい。紅焼肉って書いてありますね。なんかグロテスクだなあ」

「全然違うでしょ」

「違いますね。内臓みたいというか」

「そのへんは日本人とは趣味が合わないんですよ。韓国と日本はまだ似た部分があるんですけど、中国の人は全然違う。中国ってお寺を見れば派手でしょ、石もそういう違いがあるんですよ。同じモンゴロイドなのに、全然違うんですね」

「ほんとですね。こういうのよりは私も日本のほうがいいな」

「結構削ったり、磨いたりするんですね。中国の人は」

「そうなんですか」

19. 中国の石。「火焔山」と命名

「日本は自然のままですから。中国の石見ます？」

「あるんですか」

「前編集長のもので、置いてあるんですよ。たぶん前編集長がむこう行ったときに買ったもんだと思うんですよ。砂漠の石です。火焔山と呼んでましたね」（写真19）

「たしかに、火焔山ぽいですね。でも、これなら味わいがわかります。中国産でも」

「まあ、日本人が買ってくる石ですから、わかるものを買ってくるんですね」

　火焔山といえば、中国のトルファン盆地にある山で、西遊記にも登場する。砂漠の熱気で、岩肌の赤い山がゆらゆらとゆらめいて見えることから、火焔山と名づけられたのである。この石にはぴったりのネーミングだろう。

## 石に水をかけて育てる「養石」

「ところで、話を戻すようですが、こないだミネラルショーに行ったときに、水石の世界は、最後は黒い丸い石に行くんだという人がいたんですけど」

「いや、それは人それぞれで、僕なんか、最初から好きですよ。こういうのですね」（写真20）

「そうですそうです。こういうのは何て呼ぶんでしょうか。名前がありますか」

「いや、普通に産地で呼びます。これはオホーツク海岸で拾った……オホーツク海岸石かな」

そのまんまだ。

「よく、僕がこういうの好きだと言うと、まだ経験が浅いのに進んでるねとか言う人もいるけど、そうは思いませんね。あなた、こういうの好きでしょ」

「え……、いいえ、これが最後に行き着くところって言われると距離を置きたいです」

「そんなことはないですよ。それはその人がそう言うだけで」

「でも、経験が浅いのに進んでるとか言われるってことは、そういう共通認識があるわけですよね」

「いや、それは僕はちょっとどうかと思うけどね」

「なんで、これがいいんですか」

「まあ、単純化されたものの極みだからじゃないですかね」

「はあ」

「最後はやっぱり白いごはんみたいなことですかね」と武田氏。

「人はほんと様々で、90歳になってもゴツゴツしたのが好きな人もいますよ。人それぞれなんです」

「津軽の錦石のコレクターの方にお会いしたことがあるんですけど。もっとカラフルな石で、それを磨いて、模様を楽しんでおられたんですけど、そういうのは、あまりお好きじゃないですか」

20. 黒い丸石は最後に行き着く石なのか

「ま、『愛石』という名前でもわかるとおり、石を愛する雑誌ですから、決してそういうものを排除したりはしませんが、私個人の趣味という意味では、そういうのよりやっぱりこういう石のほうが」

「錦石じゃなくてこっち、というその理由は？」

「それは渋さですね。侘び寂びですよ。磨いてきれいにしたものは、侘び寂びという世界とは違うかなと思うんですよ」

「侘び寂びかあ」

私も侘び寂びは嫌いじゃない。しかし、錦石のようなカラフルな石でも十分侘び寂びはあると考えていたので、それに比べると、立畑さんの侘び寂び感は、相当徹底している。さっきご自身でも、枯れてる、とおっしゃっていたが、徹底して地味なもののほうに味わいを感じるという、そういう感性があるのだ。

もちろん私だって、枯れてるものが魅力的に感じられることはある。カサカサに乾いた流木なんて、ものによってはセンスを感じるし、ドライフラワーだってそうだ。あれはあれで味がある。

枯れ、を、ドライ、と言い換えてみると、豊かでロマンチックな世界が広がるのだ。

しかし石がドライかといえば、そうとも言い切れない。

「そういえば、石に水をかけて育てるって聞いたことがあるんですけど、どういうことなんでしょうか」

「それは養石《ようせき》というんです」

「養石」

「そうです。石を拾ってくると、まず泥を落としますね。そうするとですね、いかにも今拾ってきたという感じで味がないんですよ」

「味？」

「そうです。それで庭に置いて、水をかけて、それが乾いたり、というのを繰り返しているとですね、年月がたつにつれて、石に風格というか味わいが出てくるんです」

「水かけただけですよね。植物ならわかりますけど、石に水かけてどういう違いが出るんでしょうか」

「そうですね。ここにある石を見てもらってもわかると思うんですが、石はずっと同じ向きに置いてるんで、下の部分は空気に触れないで、昔のままなんですよ。なんか洗ったばっかりみたいな、まだ年齢を重ねていない感じなんです、ですが、上の部分はずっと空気に触れていたので、色合いが変わってるんです」

　立畑さんは、手近な水石を台から外して、ひっくり返して見せてくれる。

「酸化したということですか」

「酸化じゃないんですけど、この上の部分はちょっと時代がたってるなという感じがするでしょ、だけど、この下のところはなんか新しいなと」

「いや、全然わからない」

「色が違うのはわかるでしょ」

「ええ、まあ。下はなんか白っぽいというか」

「こっちの黒いほうがいいと思いません？」

「そう……ですかね」

「そういうことなんですよ。養石というのは」

「はあ」

「水をかけるのは、そうやって風格を出すためなんですよ。まあ、かけすぎてもよくないんですけど」

「コケが生えたりとか」

「コケが生えたらよくないですけど。まれにコケをつけるのが好きな人もいることはいますね」

「コケがついたら、古寺みたいな感じが出ていいんじゃないかと思うんですが」

「それはもう別の世界ですね。盆栽に近くなるというか」

そうだ、盆栽で思い出した。


「ブーム起こしたいと思ってます」


「あのお、石にミニチュアを置いたりするのはダメですか」

「ダメじゃないですよ。鹿の小さいのとか、置いたりとかね」

「ありですか」

「ありです」

「ベトナムにホンノンボと言いまして、石にミニチュアを載せて鑑賞する盆栽があるんです」

「ほお、そういうのがあるんですか」

「ええ。ミニチュアの世界なんですけど、水を張った鉢のなかに、ひとつの石を置いてそれを島に見立てるんです。そこにミニチュアを載せて、風景みたいにして。日本じゃ見ないなあと思って」

21. セキレイのいる溜まり石

「盆景というのを作る人はいますよね。ひとつの石の上っていうのとは違うかな」

しゃべっていてだんだんはっきりしてきたが、私はどうしても水石をミニチュア的に解釈したいようである。石が風景のミニチュアになっていれば、自分の守備範囲内と感じられ、俄然、興味が湧いてくるのだ。

「こういう溜まり石にね、こういうセキレイの置物を載せてみたりもするんですよ」（写真21）

「あ、これはまさにミニチュア、いいですね」

「本当は水入れるといいんだけど、台に水が合わないんで。水盤だったらいいんだけど」

「台に水が合わない？」

「合いません」

なぜなのかわからなかったが、とくに重要な問題ではない気がするので、それ以上は聞かなかった。

「こういうのどこで売ってるんですか」

「いや、石と一緒に売ってますよ。業者のところに行けば」

「鳥以外には何があるんですか」

「たとえば、亀だとか、鹿だとか」

「そういうのやっぱりあるんだ」

「まれにこういうものを、置いたりね」

「あ、灯台じゃないですか。こんなのあるんだ。これいいじゃないですか」

「誰かが自分で手作りで作ったものですけど」（写真22）

「いいですね。ミニチュアがあると、ぐっときます」

「それっぽく見えますよね」

「見えます」

「これ流行る気がします」武田氏も賛同した。

「でもこういうのは、本来の石好きの人からみると、邪道みたいな感じですか？」

「そんなことないですよ。こうやって楽しんでおられる方もおられます」

結局、水石はなんでもありなのか。

「今はこういう石が流行ってるとかそういうブームとかあるんですか」

武田氏がさらに訊いた。

「流行というよりは、やっぱり産地ですね」

22. 絶海の孤島のよう

「石ブームっていうのは、ないですか。最近石好きな人増えてるんじゃないかと」

「いや、そうですかね。かつてはあったみたいですよ。昭和30年代後半から40年代前半ぐらいにあったみたいです」

「今はどうですか」

「今は衰退の一途だと思ってます」

「ブームきてないですか」

「ブーム起こしたいと思ってます」

「高齢化社会ですから、むしろ市場が広がってるんじゃないですか」

「そうですね。なぜかわからないんだけど、たしかに最近取材の方がよく来られるんですよ。テレビとか。こないだもフリーペーパーが取材に来たし、来週は宮崎ケーブルテレビで『愛石』が紹介されます」

## うっかりミイラとりがミイラに

「やっぱり。来てるんですよ、石が」

「石ガールとか言ってますからね。ミネラルショーに行くと、女性も多く来てたんです」

と武田氏。

「石ガールは、もっと水晶みたいなキラキラした石とかですけど、石全般にきてるってことはないのかなあ」

「そうですね。ああいう鉱石みたいなものは女性ファンはいますよね。でも、こういうのは渋いですから」

「今、ブーム起こすとおっしゃいましたが、何か企画はありますか」

「そうですね。芸能人使うとか」

「いるんですか」

「あんまりいませんね」

「ひとりいましたよね」

「とよた真帆さん」

「そうだ。テレビで見ました。石に絵描いてました」

「あの人は旅行先で石拾ってきたりしてますね。ちょっと水石とは違うんですけどね。あとタモリさんも石好きって言ってましたけど、鉱石みたいですね」

「鉱石ファンは多いですからね。ちなみに水石のなかでも、流行り廃りはありますか」

「やっぱり山型は人気ですね。抽象的なのは、そんなに……」

「私と同じだ」

「こういう趣味はどうやって始まるんでしょうか」武田氏が尋ねた。

「最初に展示会を見に来て、惹かれるものがあったり、勧誘されたりとかね」

「私も一度、拾いに行ってみたいんですが、こういうのを探しに行くときのポイントというか、コツはありますか。ほじくったほうがいいのか、とか川の中に入ったほうがいいのかとか」

「そりゃ場所によって違いますね。川原が広ければ川入らなくても探せるし。それより重要なことは、根気よく探すってことですね。なかなかありませんから。そうそういい石は」

「はい」

「あとは普段石をたくさんね、いい石だなあ、こういうのが欲しいなあ、というのを見ておくことです。そうすると川原に行くと、そういうのが目に付くんです。何も知識がなくて行くと、いい石があっても蹴飛ばしてるかもしれない」

「石拾いの道具みたいなものはあるんでしょうか。以前くぎ抜きみたいなものを使ってる人を見たことがあるんですが。あれは必需品ですか」

「ああ、石拾い専門の道具ではないんですが、バールみたいなものを使う場合があるんですよ。石が埋まってる場合もあるから、一回ひっくり返すんです」

「でも、埋まっている石なんて、いくらでもあるじゃないですか。全部ひっくり返すんですか」

「まあ、全部ということはないけども、なんとなくわかるんですよ。これは怪しいという」

「そういう勘が働くんですね」

「上が平らになって埋まってるものは、ひっくり返すと逆に底が平らになるわけだから座りがいいわけですよ。だから、ひっくり返してみる。で、これをどうやって見るかなあ、といろんな角度から見てみるわけです。でもいい石は滅多にないですよ」

「そうですか」

「見つけたら、ほんとうれしいですから。しかも自分で拾ったものは愛着があるわけですよ、買ったものよりも」

「なるほど」

「石を探すのを探石《たんせき》というんですが、みなさんこれが楽しいんですね。川原を歩くのは、健康にもいいですしね。だから、とくに仕事をリタイアして、これから何かやりたいっていう人には、ちょうどいい趣味だと思いますね。そんなにお金かけなくてもできますし、川原行って石を探すだけなら交通費ぐらいしかかかりませんから。歩くのも健康にいいし、自然に触れるし」

「自分が小さくなって、その世界に入っていけるような石を見つけたいです。さっきの灯台なんかぐっときました」

「素質ありますね。水石の」

「ありますか」

「あります。やったほうがいいですよ。展示会見に来てください。雑誌のうしろに載ってますから」

最後に、立畑さんは、私と武田氏に石をプレゼントしてくれた。

「こういうの好きでしょ」

「はい。こういう島みたいなのはわかります」

「これは福岡県の千仏《せんぶつ》というところで採れる石です」

というわけで、いただいた石がこれである。(p148・写真23)

武田氏は、「こんなんでよかったらあげてもいいんだけど」と、大きくてカラフルな石

23. いただいた福岡県千仏の石

24. 武田氏がもらった石

をもらっていた。（写真24）

「え、これすごいじゃないですか。会社の玄関に飾っとこうかな」

というわけで、水石の世界から帰還した。

うっかりミイラ取りがミイラにならないよう気をつけようと警戒しつつ出かけたのだったが、もともと私もミイラだったのかもしれない。素質あり、と太鼓判を押されて帰ってきたのである。

取材して感じたことは、石はどう見たっていい、ということであった。

カラフルな石も、枯れた味わいのある石も、何かに見える石も、抽象的な石も、それぞれに好きな人がいて、好きなように楽しんでいる。そういう意味では、〝なんかいい感じのする〟石というのは、そもそも言葉自体がおかしくて、人はみんな〝なんかいい感じ〟がしたからその石を拾ったり、集めたりしているのであって、どんな石でも、見る人が見れば〝なんかいい感じ〟なのだ。

私自身、旅で拾ってくる石と、今回見せていただいた水石のなかでも風景のように見える石には、あんまり共通点がないのに、どっちもいい感じだと思っているから、ややこしい。

ただ、私は、そういうすでに認知された石ではない、けれど〝なんかいい感じ〟の石を中心に拾いたい、それによってこれまで光を当てられていなかった石たちの良さを伝えていきたいと考えているから、水石についてはいったん置いて、あらためて海へ行って石を拾うことにしようと思う。

# 北九州石拾い行

## 石持ち帰りでトラブル続発？

北九州の小倉《こくら》にやってきた。

やってきたのは、私の他に奇岩ガールと編集の武田氏である。

待ち合わせた小倉港の市営渡船乗り場に、武田氏は、疲れた表情で現れた。

「今回も言われてきました。石なんか拾ってる場合か……と」

彼はこの石連載が始まってから、何度も半笑いで送り出されてきたのだったが、今回はとくに仕事がテンパっているらしい。しかも、

「前回、石もらって会社に持ち帰ってから、なんか災難続きで」

と愚痴をこぼしている。

なんでも、最近武田氏のいるフロアでトラブルが続発し、先月の取材でもらってきた石のせいではないかとあらぬ嫌疑がかけられているというのだ。

「めったに誤植を出さないベテラン編集者がミスをしたり、次々とパソコンが壊れたり、なんかよくない空気みたいなものが……」

何を言っておるか。そんな風評を真に受けてどうする。人間、誰だってたまにはミスをするものだ。石に罪はないぞ。

「仕方ないから、営業部の若手にあげました」

おお、営業部なんかに置いたら今度は本が売れなくなるではないか！

……ん？　いやいや、そうじゃない。そうじゃなくて、

ミスは石のせいではない！

と私はここではっきり断言しておきたい。そんなオカルトな気分に翻弄されるようでは、石拾いの達人にはなれないのである。

悄然とする武田氏を鼓舞しつつ、われわれは北九州市営渡船乗り場から、船に乗りこんだ。今回向かうのは、響灘《ひびきなだ》に浮かぶ藍島《あいのしま》である。

藍島は、島民約３００人が住む小さな島で、北九州市に属している。小倉港から渡船で約30分。いい石が拾えることで有名かというと、とくにそういうことはない。むしろ、最近はネコの島として有名になっているようだ。たくさんいるらしい。

ネコ好きの奇岩ガールは、さっそくネコのほうにも思いを馳せているようだった。

しかし私に言わせれば、ネコなんか日本じゅうにいるのである。うちの近所にもいて、

わが家の芝生によく糞をしてくれる。藍島のネコもきっと糞をするだろう。ちっともうれしくない。

それより、以前この島に、まったく別の件で取材に来たとき、たまたま石を拾ったら、メノウを含めカラフルな石が多く見つかり、これは意外な穴場ではないか、と色めきたったのである。そこで今回、あらためて真の穴場かどうか確認しに行こうというわけだ。

調べてみると、藍島に限らず、福岡県の日本海沿岸でメノウが多く拾えることは、古くから知られている事実のようだ。

メノウはいい。

透明感のあるメノウは、浜ではちょっと上品に見え、拾っていて楽しいし、ヒスイや水晶のように高価ではなく、水石ほど地味でないという、その按配もカジュアルでちょうどいい。

そして、ここが大事なポイントなのだが、どうやらメノウが拾える場所では、メノウに限らず、いい感じの石が拾える確率が高いことが、経験上わかってきた。

ということは、メノウのある浜を目指せば、私が思う〝いい感じの石〟拾いができるわけである。

ならば、藍島を含む福岡県の海岸線も、期待していいのではないか。

そう考えて、ふたりを誘い、勢い込んで藍島にやってきたのだった。

目指すは島の北端にある千畳敷《せんじょうじき》の浜である。以前そこで、いい感じの石をたくさん拾ったのだ。

ちなみに市営渡船の船着場は、島の南端にあり、千畳敷に行くには、島を縦断しなければならない。船着場から約1・8キロ。一応舗装道路は通じているが、軽自動車でないと通れないような細い道である。人口の少ない島なので、公共交通機関などあるわけもなく、レンタサイクルもない。仕方ないから歩いていくことにする。

上陸すると、さっそくネコがいて、奇岩ガールが写真を撮り始めたが、そんなことしにやってきたわけではないので、先を急ぐ。

島民はほぼ南部にかたまって住んでいるため、集落を抜けると、すぐに人の気配もネコの気配もなくなった。草ぼうぼうの土地の中を黙々と歩いていく。3人でなかったら寂しかったに違いない。

しばらく歩くと道が二手に分かれ、右を選ぶ。すると、やがて徐々に下り坂になって、突き当たった森の暗がりを抜けた瞬間、突然目の前に青い海が広がった。（p154・写真1）

## 変な石いろいろ藍島千畳敷

沖に小さな貝島が見えている。結構沖にあるようでも、この小さな湾は水深が浅く、干

1. 藍島の千畳敷

潮時には貝島まで歩いて渡ることができる。右手には、千畳敷のまっ平らな岩場が、海に大きくせり出していた。

私は石だけでなく、海の生き物も好きなので、せっかくだから、まずは岩場の潮溜まりで海の生き物を見物した。いきなり石にガツガツいくのも、焦っていると思われそうであり、ここは心を落ち着けて、のんびり探したほうが、石のほうも「見つかってあげよう」という気持ちになるだろう。

潮溜まりにはイソギンチャクや、ヤドカリのほか、クラゲが多く紛れ込んでいた。

ちょうどいいので、しばらくクラゲを眺めてから、石拾いにとりかかる。

石は千畳敷手前の浜にたくさん落ちていた。干潮を狙ってくれれば、もっと石が露出していただろうが、そこまで気が回らなかった。奇岩ガールだけは事前に調べたらしく、

「この時期、干潮の時刻は、早朝か夕方なんですよね」

といつもの用意周到ぶりを見せていたが、男たちは何も考えていなかった。

例によって、この藍島千畳敷も、パッと見た感じ、そんなにいい感じの石がごろごろ落ちているようには見えなかった。どこでも最初の印象はそんなものだ。とはいえ、色のバラエティはありそうだし、小さなメノウも見えている。根気よく探せば、きっといい石が見つかるだろう。

雑誌『愛石』の立畑編集長も言っておられたが、いい石を見つけるコツは根気、それ以外にないのだ。

さっそく武田氏が、

「ガイコクジン石」

と言ってそのへんの石を拾い上げた。（p247・写真2）

たしかに耳のでかい人の横顔に見える。

私も探そう。

私の場合、やはり目がいくのはメノウだ。透明感があって、みずみずしい。

ただ、この浜にはビンの欠片が多く、一瞬メノウと見まちがうことが多かった。どこから流れ着くのか、それとも地元の人がここに飲みに来るのかわからないが、中には割れて間もなさそうな鋭い破片もあって、気を遣う。

3. 二枚貝と何かうにゅうにゅしたものの化石

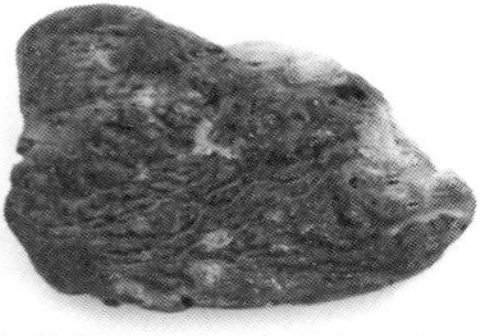

5. 地形図のような模様のある石

ウニの骨格や、アオイガイと呼ばれる不思議な形をした貝殻なども落ちていた。あるいは化石。（写真3）

私は化石には興味がないけれど、好きな人にはぐっとくる場所なのかもしれない。左は二枚貝だが、右は何だろうか。うにゅうにゅした海の生きものだったのか。知識がないからわからない。

さらに変な石を見つけた。（p247・写真4）

人面石など興味はないんだが、人面であろうとなかろうと、緑色の石がいくつも紫色の石の中に埋め込まれているのがふしぎである。堆積岩のようだから、ひょっとしてこれも何かの化石なのだろうか。

そしてこれまた奇妙な石。（写真5）

細かいデコボコがあって、まるで太古の地形図を見ているようだ。こうした石が何岩なのかというような、地学的な興味はまったくなかった私だが、さすがに、こういうのを見ると、これがどうやって出来たのか知りたくなる。

そのほか、ハート型の穴が開いた石。（p247・写真6）なぜか赤く色がついていて、できすぎの感もある。
珪化木もあった。（写真7）
他のスポットで見つけたら、お、これは！　と、その珍しさを喜んだかもしれないが、ここにはこの手の石がたくさん落ちていたので、拾ってもたいてい放り投げていた。
そのほかにも色のついたきれいなチャートは多く落ちていたし、全体に、まずまずいい石ころが多かった。（p247・写真8）
大ヒットというほどではないが、そこそこのスポットではないだろうか。本当は、でかくてきれいなメノウが落ちているのではと期待していたが、それはなかった。

7. 珪化木

**はるばる九州までやってきたというのに**

奇岩ガールを見ると、カラフルな丸っこい石をたくさん拾っていて、
「私は、楕円形の石が気になるみたいです」

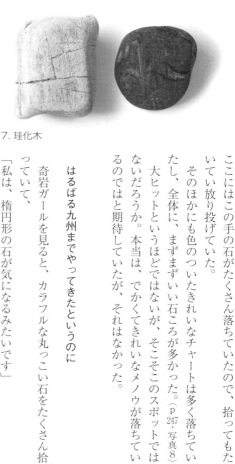

9. 草食動物のウンチのよう。褐鉄鉱か

と言っている。

それにしても、このとき季節は初夏。日差しを遮るもののない浜辺でしゃがんでいると、どんどん日焼けして顔や腕が真っ赤になりそうだった。

藍島から小倉に戻る船は13時半と15時半の２本あり、それに乗り損ねると、後はないから、われわれは15時半から逆算して石拾いを切り上げると、ふたたび、ぶらぶら島を縦断して、船着場へ帰った。

私は今回も、50個以上拾ったなかから、厳選して約10個ほど石を持ち帰った。

帰りしな武田氏に、ネットで藍島の名前を公表してしまうと、人が石を拾いにどっと島に押し寄せて、島の人が迷惑するんじゃないかと心配だ、島の名前は伏せておいたほうがいいのではないか、と相談した。

「いや、まったくその心配はいらないでしょう」

「でも、船が満員になって島の人が乗れなくなったり……」

「大丈夫。そんなに石拾いに来ませんから」

今回、藍島に来てみたのは、かつて一度来て、いい石を拾った覚えがあったからだが、福岡県の沿岸部でメノウが拾えるのなら、何も藍島にこだわることはない。翌日、そのへんの海岸にも行ってみようと、われわれは小倉でレンタカーを借りて、響灘に面した若松北海岸を探ってみることにした。

若松北海岸には、いくつか海水浴場があり、遠見ヶ鼻と呼ばれる海に突き出した岬の近くには、これまた千畳敷と呼ばれる場所がある。そのあたりの磯で石を探してみる。落ちている石全体から受ける印象は、藍島とよく似ていた。メノウももちろんあり、石自体もカラフルだ。そんななか、さっそく奇妙な石ころを発見した。（写真9）

まるで草食動物のウンチの化石のようだ。図鑑で見てみると、褐鉄鉱《かってっこう》に似ている。持つと、見た目より重い感じで、やはりこれは鉄かもしれない。それにしても、なぜこんなにモコモコなのか。

そしてここでも、太古の地形のような、なんとなく呪術的な文様のある石を拾った。（写真10）

いったいこれは何なのか。図鑑を見ても、似た石が載っていない。人工物の破片かとも思ったが、そんな感じでもない。こんな石がどうやってできるのだろう。

そのほかにも、メノウやチャートなどをたくさん見つけた。

奇岩ガールが、

10. 呪術的文様のある石

「とりあえずメノウがあるとテンションあがりますね」

と言うように、メノウのあるなしは、石拾いスポット選定の重要な指標になることは先に書いたところだが、実際にいい感じの石だと私が思うものは、チャートや泥岩のような堆積岩《たいせきがん》が多い気がする。色が豊かで、縞模様があったりして、きれいなのだ。

もちろん堆積岩でなくても、火成岩では、石英の混じった艶のあるペグマタイトとか、変成岩なら、地図の等高線をそのまま石にしたような結晶片岩などに、はっとする場合もある。

そういう岩石学的分類は、厳密にやるなら高度な識別眼が必要だし、拾って愛でるぶんには関係ない話だから、これまでほとんど無視してきたが、何度も図鑑を見ているうちに、自分がいい感じと思う石は、だいたいそのへんが多いことがわかってきた。

その観点で言うと、堆積岩が多い福岡県の海岸は、私好みということになるわけだが、残念ながら、これ、というい感じの石を、私はまだ見つけていなかった。石との出合いは運だから、どんなにいい場所で拾っても、出合えないときは出合えない。

はるばる九州までやってきたというのに、私は、だんだんじれったくなってきた。

浜をざっと見渡すと、いかにもいい感じの石が見つかりそうなのである。そこらじゅうにいい石が隠れていそうな、怪しい匂いがする。にもかかわらず、探し始めると、これだ、と思うものに出合わない。平均点以上の石はたくさん見つかるものの、何か物足りないのだ。

## 私はここで、ついに見つけたのだった

このままでは終われない。

千畳敷を切り上げると、場所を移して、われわれは岩屋方面の夏井ヶ浜へ出かけてみた。

石の印象は、ここも、藍島やさっきの千畳敷と同じだ。そしてまたしゃがみこんで探す。

武田氏のテンションが徐々に下がってきているのが見ていてわかった。スイカみたいな石と、団地みたいな石を見せてくれたが、（p162・写真11）

「つい何かに似てるって観点で拾ってしまいますね。そんなんでいいのかと……」

とか言って、自信なさげである。少々疲れてきたのかもしれない。昨日から海岸で石を拾い続けて、だんだん日にも焼けてきた。武田氏の腕は真っ赤になっている。

だが、まあ、石に関してはどんな観点で拾おうが気にすることはないのであった。べつに何を拾ったっていいのが、石拾いの素晴らしいところである。

石の世界は何でもありなのだ。

これまでミネラルショーのさまざまな石や、美しいジャスパー、アゲートや、ナミビア

11. 夏井ヶ浜

の石、そして水石の世界を垣間見て、学んだのはまさにそのことだった。

鉱物の知識だって実はほとんど必要ない。

その石が何という鉱物であるかというようなことは、ひとまずどうでもよく、知識があろうがなかろうが勝手に愛玩し、何ならミニチュアだって載せて鑑賞しようという闊達《かったつ》さ。そこがいい。

言ってみれば、見た目一発。

自分自身が、その石の見た目を気に入っているならそれでいい世界なのだ。

正直に白状すると、私はこれまで、石の図鑑を開いて、花崗岩だの、凝灰岩だの、玄武岩だのといった用語が並んでいるのを見るたびに、そのような分類にちっとも興味が持てない自分に、石を語る資格はないのではないかという一抹の不安を抱いてなくもなかった。

かといって宮沢賢治のように、エキセントリックな方面で、ふだん目にしないような希少鉱物を集める趣味もない。

言わば夏休みの子どもの自由研究レベルの興味だけでいつも安易に石を拾ってきたのである。いや自由研究にも及ばないかもしれない。ただ見た目だけ。

しかし、それでもいい。

あらゆる価値観の押し付けから、完全に解放される自由な遊び。それが石拾いだ。

人面石であっても、それが好きなら拾えばいいのである。

そして！

私はここで、ついに見つけたのだった。（p248・写真12）

なんだこの石は！

拾った瞬間、思わず声が出た。

名づけて「ビッグバン石」。

昨日藍島で拾った人面に見える石同様、紫色の中に緑色の鉱石が、島宇宙のように存在している。

この石が凄いのは、そんな緑色の鉱石のまわりに、コロナのような炎のゆらめきが見えることだ。まさにこれは太陽。そして、その周囲に小さな惑星たちが、ちりばめられている。まるでSF漫画の絵のようだ。

いったいどうすればこんな石ができるんだ。面白すぎる。

他にも、夏井ヶ浜では、雪山のような石を見つけた。（写真13）

消しゴムほどの大きさだったが、もっと大きければ、それこそ台を作って、「エベレスト」とか銘をつけて水石風に鑑賞したい石だ。水石の世界でも、山に見立てられる石はたくさん見るが、雪山に見立てられる石はあまりないのではあるまいか。

13. エベレスト風の石

14. 年輪の見える珪化木

さらに、年輪がありありとわかる珪化木も発見した。（写真14）

珪化木はたくさん落ちていて、これまでそれほど興味もなかったのだけれども、年輪を見るとさすがにもともと木だったという時の経過が滲み出るようで、味わいがある。そもそも木が石になるということ自体、奇妙といえば奇妙ではないか。

そして、ややお約束ではあるが、こんな穴の開いた石も拾う。（写真15）

穴開き石は、今回たくさん落ちていた。面白いから、はじめはついつい目がいくが、いくつも見ていると、だんだん飽きてきて、もう拾うこともなくなっていた。そんななかでこれは石全体の曲線が美しく、穴もきれいなので、持って帰ることにする。

ちなみに、武田氏や奇岩ガールの拾った石はというと、

これが武田氏いわく、団地のような石。（写真16）

15. 惚れ惚れするような穴だ

16. 武田氏の団地のような石

そして、奇岩ガールの夏井ヶ浜ベストワンは、赤いラインが印象的なこの石だそうだ。彼女はすっかり楕円形にハマっている。（p248・写真17）

## なにい、天然記念物⁉

さて、こうしてひと通り石を拾ったあと、われわれはまたレンタカーに乗って、小倉へ戻ることにしたのだが、その途中、八幡のスペースワールドの隣にある「いのちのたび博物館」に立ち寄った際、実に気になる事実を発見した。

「いのちのたび博物館」は、歴史と自然史に関する博物館だそうで、予想以上に大きく展示の充実した博物館だった。石に関する展示もあって満足したのだが、そこに問題のパネルがあったのである。

それによると、岩屋・遠見ヶ鼻の芦屋層群の断層と化石が、２０１２年、福岡県の天然記念物に、指定されたばかりだというのだ。

なにい、天然記念物⁉

岩屋と遠見ヶ鼻といえば、まさしくわれわれが行った場所ではなかったか。

知らなかった。

そうだとすると、気になるのは、天然記念物のある場所で石拾ってよかったのかという点である。

勝手に石持ってきちゃいけないんじゃないのか。

心配になったので、管轄である福岡県の文化財保護課に電話して、尋ねてみた。すると、断層と化石が天然記念物なので、ハンマーで採石したりせず、海辺に落ちている石を拾うだけなら問題ないとのこと。

いや、ほっとしたのである。

東京の自宅に戻り、今回の旅で拾った石を並べてみた。拾っているときは、もっと何かないのか、と物足りない気分だったが、こうしてあらためて見ると、しみじみと味わい深い。（p248・写真18）

## ❖石ころ拾いの先達渡辺一夫さんに会いに行く

### 地味な石ころへの過剰な愛

私が石拾いに出かけるとき、もっとも気にするのは、どこで拾うかである。当然といえば当然だが、いい感じの石を拾うには、それに適した場所へ出向かなければならない。

場所探しで参考にしているのは、口コミ情報のほか、書籍では『海辺の石ころ図鑑』『川原の石ころ図鑑』『石ころ採集ウォーキングガイド』『日本の石ころ標本箱』などの図鑑で、これらの図鑑は鉱物図鑑とちがって、石ころの図鑑であることや、それが拾えるフィールドが細かく掲載されている点で、非常に重宝している。

といっても、これらの図鑑には、私が思ういい感じの石ばかりが載ってるわけではなく、見るからに地味な石がほとんどだったりして、期待通りの石が拾えそうなスポットは、国内にそうそう多くないことを教えてくれる。いい感じの石ころ拾いの道は険しいのだ。

ところで、これらの図鑑の著者は、すべて同一人物で、渡辺一夫さんという。いつもいつもこれらの図鑑を眺めているうちに、私はなんだかこの渡辺さんに興味が湧いてきた。

というのも、図鑑という性格上、できる限り多くの種類の石を網羅するため、地道に地味めな石も拾っておられるのかと思えば、どうやらどんな石でも本当に好きで拾っておられるようなのである。紹介文の端々に、石ころへの愛が感じられる。

『日本の石ころ標本箱』のなかで、渡辺さんが一番好きな石といって紹介しているトーナル岩というやつは、ゴマをふったおむすびのような、言っちゃなんだが、何の変哲もない石で、私にはどこがいいのか全然わからなかった。好きになるには地味すぎるのではないか。

いったい渡辺さんは、こんな石のどこに惹かれているのか。

ぜひ聞いてみたい気がする。

地味な石ころへの過剰な愛、その秘密を探りたい。

というわけで、インタビューをお願いしたところ、快諾いただけたので、さっそく会いに出かけたのである。

**名前はどうでもいいんですよ**

渡辺さんはとても穏やかな表情の人だ。石好きは、みなやさしそうな人ばかりである。

「僕はね、もともとは石というより釣りが好きだったんですよ」

ひと通りの挨拶が済むと、渡辺さんは切り出した。（写真1）

「釣り人っていうのは、石を見るんです。鮎の食み跡がついてるんですよ。それが新鮮できれいなら、そのあたりに鮎がいるとわかる。だから石を見る。あと、石を持ち上げて、トビケラの幼虫をとって餌にしたりするわけですが、あれもつきやすい石とつかない石があって、玄武岩なんかは、軽いからつかないんです。そうやって石を見てるうちに、そっちのほうが面白くなっちゃって」

「なるほど。はじまりは川石だったんですね」

「そうです」

1. 渡辺一夫さん

「実は私、渡辺さんの酒匂川《さかわがわ》の石拾いバスツアーに参加したことがあるんです」

私は告白した。

あるギャラリーが主催した、そういうツアーがあったのである。もう5年以上前だろうか。申し込みが殺到し、あっという間に満員御礼になった記憶がある。当時は渡辺さんのことはまったく知らず、ただ石が拾いたいがために参加したのだった。

「そうだったんですか。あのときはずいぶん盛況でしたね。ああいうの天竜川でもやったんですよ。天竜川は石そのものは少ないんですけど、トーナル岩（石英閃緑岩《せきえいせんりょくがん》）より石英の量が多いとか）が好きなもんで、よく行くんですね」

「トーナル岩なんて、渡辺さんの図鑑で見てはじめて知りました」

「あれは火成岩の深成岩なんですね」

「石ころを見ただけで、これは何岩って、すぐわかるんですか」

「いえいえ、それが難しいんですよ。花崗岩と閃緑岩とはんれい岩の境界なんか漠然としてますしね。植物は図鑑ですぐわかるでしょ。石は学者によって判断が違うときもあるし、石ころの名前の同定は本当に難しいので、図鑑を作るときは、地質標本館（つくば市）に60〜70個持っていって調べてもらいました。いちゃもんつけてくる人もいるんですよ。これは○○岩じゃないとか言ってね。そんなの写真だけでわかるわけないんですが。

あと、石ころには、地域で名前がついていることがあって、その名前で呼ばないと文句言われることがあるんです。うちで拾ったなら、こう呼ぶべきだとか、言われることもあります」

「なるほど」

「僕の図鑑は、石ころ図鑑ですから、岩石学の厳密な図鑑じゃないんです。岩石として見るなら、パカッと割ってどんな鉱物で出来ているか調べないと厳密にはわからないわけです。石ころを外見で同定するのは難しい。とくに川原の石なんかは磨かれてて正体がわからなくなってたりしますしね」

「つまり、石ころ図鑑は岩石図鑑と違って、成分よりも見た目とかそういう……」

「そうです。模様を楽しんだり、きれいだなあ、とか、形がいいなあ、とか。そうやって楽しんでほしいんですが、不思議なことにみんな名前を知りたがるんですよね。だから名前も一応載せてますけど、名前はどうでもいいんですよ、本当は」


「30万人の子どもが来たらどうしますか」


そうだったのか。

それは私も常々思っていたことだった。

しかし素人がそんなことを言ってはいけない気がしたから、大きな声では言わないようにしていたのである。

先達に、そう言ってもらえると、いきなり大船に乗ったような気分だ。

「いろんなポイントに行っておられますが、今まで何ヶ所ぐらいで拾われましたか」

「400ヶ所ぐらいかな」

「すごいですね。拾いはじめて何年ですか」

「20年ぐらいですかね」

「1年に20ヶ所は石拾いに行っている計算ですね。ポイントはどうやって探すんでしょうか」

「『日本の石ころ標本箱』にも書きましたが、石拾いには、産業技術総合研究所地質調査総合センターのシームレス地質図が役に立つんですよ。画面上で、地図をクリックするとそこに何岩があるか、すぐにわかる優れものです。蛇紋岩《じゃもんがん》が拾いたかったら、これ見て、蛇紋岩を探す。この地質図を見てもわかりますが、日本ほど地質が複雑なところはないですね。僕もいろんな外国行きましたけど、日本ほど複雑なところはない」

「シームレス地質図は、私もさっそく見てみたんですが、あれを見ても、たとえば錦石は、津軽の地上にはないですね。錦石はどこから来るんでしょうか」

「あれは天候が荒れたときに出てくるってきくね。だから海の中にあるんでしょうね。ヒスイ海岸のヒスイも、上のほうにヒスイ峡があって、そこから流れてくると言われてるんですが、いや、海の中にあるんだという話もあってね」

「そういう場合は、シームレス地質図じゃわからないですね」

「そうですね」

「あとシームレス地質図を見てこのへんだと決めても、細かいポイントまではわかりませんね。どこで拾うかというのが……」

「それは車で回って、いろいろ拾ってみて、いい石が拾えると、そこを図鑑に載せてます。でも最近は、いい石ころの拾える川原は減ってきてますね」

「拾ってはいけない場所とかもありますよね」

「あります。国立公園のなかには拾ってはいけない場所があります。室戸岬なんかも厳しいです。ジオパークは厳しいですね。あと富士山が世界遺産になって神経質になってますね。

ただね、僕は天然記念物とか国立公園でも、子どもが2、3個石拾うぐらいいいじゃないかと思うんですよ。でも役人にそう言うと、30万人の子どもが来たらどうしますか、とか言うんですよ。がっくりきますね」


「いや、ふつう拾わないですよ（笑）」

「それで、実は今回一番訊きたかったことなんですが、私は津軽の錦石を見て、これはすごいな、と思って、それ以来石拾いにハマったもんですから、どうしてもカラフルなものとか透明なものとか模様がきれいとか、やや派手目の石ころを拾いがちなんですけども、渡辺さんの図鑑を見ると、そういうことには重きをおいてなくて、地味なものも多く取り上げておられますね。私のような新参者から見ると、これ拾ってもなあ、と思うものも結構多いんですよ。ふつうは石を拾うとなると、きれいな石を拾いますよね。それに対して、こういう地味な感じの石の魅力はどこにあるのかという、それが知りたいんです」
「それはね、石はひとつひとつ全部表情が違うってことですね。たとえば、これ、流紋岩ですね。これも流紋岩。これ全部流紋岩なんですよ。同じ流紋岩でもこれだけの表情があるんですね。教科書で見ると、白っぽくて流紋模様があれば流紋岩なんですけど、こういう黒いのもあるんですよ。流紋岩だけでもいろんな種類があるわけです。学者も偏光顕微鏡で確認しないことには、手に負えないぐらいです」（p249・写真2）
「それからこれは礫岩で、遠山川《とおやまがわ》といって天竜川の支流で拾ったんですが、四万十川にも同じような石があるんです。四万十帯という地層群があって。離れた場所でも似たような石に会えるというのが面白くてね」（p249・写真3）
「これはホルンフェルスって石ですけど、菫青石《きんせいせき》が混じってるんですよ。地元の渡良瀬川では桜石って呼んで、拾う人がいるんです。堆積岩の割れめにマグマが出てきて、やけどした石です。こうやってみていくと、石ころはひとつひとつ違っていて面白いんですよ」（p249・写真4）
「そうなんですね」
いろんな表情がある、というその面白さはわかる。

しかし、私はその答えに微妙に納得できなかった。渡辺さんもそうとしか答えようがないのだと思うが、何かもっとコツンとくる答えが、本当はあるような気がする。そして、それはきっと言語化するのが難しい部類の何かなのだ。

「とくに好きなタイプの石ってありますか」

「一時、蛇紋岩に凝っててね。日本中の蛇紋岩拾ってやろうと思って、蛇紋岩めぐりしてました」

蛇紋岩めぐり！

なんとマニアックな。

「あの青みがいいんですか」

私の印象では、図鑑で見る蛇紋岩はおおむね青っぽい。

「触り心地がね、石のなかでも、とくに柔らかい感じがするんですよ、ビロードみたいな。これとか」（p249・写真5）

さわってみたが、ビロードみたいな感触はわからなかった。

「宮田さんは、あまり拾わなそうな感じですね」

武田氏が言った。

「そうですねえ。私だったら、これは拾わないですね」

「いや、これはね、ドキドキしますよ」

「そうなんですか。拾ったとき、きた！　とか思うわけですか」

「やった、と思いましたね。石のなかで、唯一これだけあったかい感じがしたんですよ。でも、なんか今はそうじゃなくなったなあ。石ってね、見たときはドキッとするんだけど、持ち帰ってみると、そうでもないっていうことが多いですね。なぜか」

たしかに、私もそういう経験がある。家に持ち帰ってみると、なんでこんなの拾ったんだろう、と首を傾げたりする。それでもまた行けば拾ってしまうのだが。

「蛇紋岩でも、ひとつひとつ違っていて面白いんですよ。世界遺産になった三保の松原ってあるでしょ。これ、あそこで拾った石なんですけど、みんな拾っていかないんだよねえ、なんでかなあ」（p249・写真6）

「いや、ふつう拾わないですよ（笑）」


「かわいい？　そうかなあ」

「今はもう蛇紋岩めぐりはしてないんですか」
「今は、蛇紋岩よりも礫岩ですね。渋くてね。礫岩は面白いですよ、いろんな表情があってね。これなんかとてもいいですね。今一番好きな石です」（p250・写真7）
「これはどこで拾われたんですか」

「八坂八浜《やさかやはま》。四国ですね」

「これの魅力はどのへんでしょうか」

「いろんな石が入ってるでしょ。石灰岩と頁岩《けつがん》と泥岩《でいがん》なんかが混じってるんですね。頁岩というのは、泥岩の固くなったもので。このへんは火成岩の礫じゃないかと思うですけど、よくわからない。こんな石がどうやってできたんだろうと想像すると楽しいですよ」

私も、この石には、どことなく繊細な魅力があるような気がした。渡辺さんの観点とは違うかもしれないし、うまく言えないのだが、これが人工物なら、丁寧に作ってある感じというか、やっつけ仕事でない感じというか。そういう意味では、先に見せていただいた三保の松原の蛇紋岩にも、同じような繊細さを感じた。自然物だから、やっつけ仕事も何もないんだが、渡辺さんの拾っている石には、かすかな共通点があるような気がしてきた。

「こういうのもあるんですよ」

「これ不思議な色してますね。芸術的な」（p250・写真8）

「酒匂川で拾った礫岩です」

これはかっこいい。なんとなく、キリンを彷彿させる柄だ。

「これはどうですか」（p250・写真9）

「うわ、これはすごいな」

「気持ち悪いですね」

　武田氏も驚いている。

「これは成羽五色石《なりわごしきいし》といって、チャートと石灰岩と凝灰岩と頁岩とかいろんな石が入ってるんですよ。これをスライスすると、すごくきれいなんですね。スライスしたのも持っていたんだけど、どうしても欲しいっていう人に持っていかれちゃって」

「こんなのが普通に落ちてるんですか」

「ええ。岡山の高梁川《たかはしがわ》の支流に成羽川《なりわがわ》って川があって。不思議とこれに関しては丸い石ころがないですね」

「なぜですか」

「たぶんこの近辺なんでしょうね、故郷が」

「たしかにひとつの石のなかに意外な組み合わせがあるのは気になりますね。これなんか、ひとつだけぽつんと違う石が混じってて面白いですよね。こういうのも礫岩になるんでしょうか」（p250・写真10）

「これは凝灰岩ですね。これきっと火山灰のとき混じったんでしょう。長良川じゃないと見られない石です。日本ではレアものと言っていいですね。あと城ヶ島の石なんか、クッキーみたいで、面白いですよ。茶色い小さな礫がいっぱい入っていて、ボロボロ崩れるんですけど」

「『海辺の石ころ図鑑』で見ました」

「女性も、おいしそうとか、かわいいとか言って喜んでましたよ」

「かわいい？　本当ですか？　そうかなあ」

この意見には同意できなかった。どんな石か気になる方は、『海辺の石ころ図鑑』を見てほしい。

## 紀子さまも石ころお好きみたいで

「いろいろ見ていくうちにだんだん渋いのも好きになってきますよ」

「たしかに私も、オパールとか水晶みたいな、あそこまでキラキラしたものに惹かれているわけじゃないんです。でもまあ少しは華があるというか、色とか模様がきれいとか、そういうのがないと。その意味では、チャートのほうがつるつるしてて、色も派手で、拾ってしまいます」

「チャートなら、多摩川にいいところがありますよ」

「はい。『日本の石ころ標本箱』で拝見しました。丸いチャートが見つかるという……」

「多摩大橋のところにね、ちょっとほじくると、出てくるんですよ。多摩川のチャートは御岳《みたけ》あたりに渋いやつが出ますけど、あの丸いチャートはもっと何億年という古いものでしょうね。ふつうはあんなに丸くならないんで。チャートっていうのはね、珪酸が多いんです。微生物の死骸が固まってできている石なんですね」

「これもチャートですか」（p250・写真11）

「そうです。北上川のチャートです」

「これなら、私も拾います。グランドキャニオンみたいじゃないですか。こういうの好きです」

「チャートは硬質泥岩とよく似ているんですが、カッターの刃を当ててみるとわかります。チャートは硬くて傷がつかない」

　私はこの石にも、何か繊細な印象を受けた。


「石拾い仲間とかいらっしゃるんですか」

　武田氏が質問した。

「鉱物仲間はいっぱいいるんですが、石拾い仲間はいないです。鉱物の人は、ハンマーで砕いて割ってって感じでしょ。こんな小さな結晶でも歓喜してね。僕は石ころなんでね。鉱物のほうへいくと、石ころ拾いはバカにされるんです（笑）」

「石ころが好きな人って、あんまりいないんでしょうか」

「いますよ。女優の本上まなみだったかな。あの人も好きみたいですよ。あと皇室の、紀子さまも石ころお好きみたいで、一度お話ししたことありますよ。2分間だけお話しくださいとか言われて、私石ころ好きな者ですとか言って（笑）、どちらにいらっしゃるんですか、とか、自分でもきいたことない口のききかたしちゃって、しゃべりにくくて、あとでわああっと叫びたくなった（笑）」

「最上級の敬語使わないといけないですからね」

「それでいて話してる内容は石ころですしね（笑）」武田氏が言った。

「そうですよ。そんなくだらない話ししてるんだもんね。鳥肌たってきちゃって（笑）」

「石を飾ったりはしないんですか。見ながらお酒飲んだりとか」

「そういうのはしないですね。でも家にいくつか飾ってありますね、好きな石を。ほとんどの石は、拾った川ごと、海ごとに袋分けして、置いてあります。40箱ぐらいあるかな。でも日本じゅう回ったにしては、少ないですね」

「かなり選別して持ち帰るんですか」

「ええ。第1選考、第2選考とかいってね」

「同じだ（笑）。こんなに石いっぱいあって奥さんに何か言われませんか」

「こんなに石置くなら広い家に引っ越してくれって」

「津軽の錦石コレクターの方にお会いしたときも、床が抜けて大変だって言ってました」

「ときどきチラシなんか見てると、土間のある家ってあるでしょ。ああいうの見ると、ああ、石置けるなあと（笑）」

「石のためだけに何ヶ月も拾って回ったりするんですか」

「いや、最長で2週間ぐらいですね。明日からも行くんですよ。白神山地の取材に。石の取材じゃないんですが、何か取材が入ったら、それに2日間ぐらい付け足して、石を拾いに行くんです。北海道と九州以外は車で行きます」

「この『日本の石ころ標本箱』の95ヶ所はどういう基準で選んだんですか」

「いい石があった場所で、前にやったのと被らないところを選んで。網羅したいんですよね、全国」

## 相馬の海岸に、もう拾いに行けない

「ということは、今後もまだまだ拾いに行かれるんですね」
「そうですね。今は、この川にこの石というのをやろうと思ってて。川ごとにひとつ代表的な石を選んでね。好き勝手にやってみたいですね。そうそう、これ、ここがいいですよ。東予の関川。ここの石は、角閃石《かくせんせき》がいっぱい入ってるんです」（p250・写真12）
「これ『日本の石ころ標本箱』で見ました。木星の大赤斑みたいですね」
「この赤いのは、ざくろ石です。これ割って取りだせば、24面体のきれいな石ですよ。一度いらっしゃるといいですよ、関川」

「銀色に光っているのが白雲母ですか」

「そうです。現地に行くと、そこらじゅう光って、すごいですよ。晴れた日は、サングラスがないと。あと、これは凄いんですよ。割って中を見ると、ガラス質なんですよ、黒曜《こくよう》石《せき》」

「おお！」（p250・写真13）

「砂岩みたいでしょ。ところが拾ってみると、黒曜石なんですよ。これが居辺川《おりべがわ》。十勝川の支流ですね。拾うときは、手を切らないように気をつけないといけない」

「これは溶結凝灰岩。もとは火山から噴出したものなんですよ。でもそれが噴火後にまた熱で溶けて、いろいろ取り込んでいるわけです。こういうのはつい拾ってしまいますね」（p250・写真14）

「これはいいかもしれない」

たぶん、今までの私なら見つけても拾わなかったと思うが、こうしていろいろ見せられると、この石にはとりわけ繊細な味わいがある気がしてくる。ところどころにまぶされた青がいい感じである。

ひょっとすると、渡辺さんは、そういうところに石の魅力を感じておられるのではないだろうか。このときそう尋ねればよかったのだが、あいにくそう思いついたのは、原稿を書いている時点で、石を見せていただいているときは、そんなことは考えなかった。

いずれにしても、一見なんでもない石ころたちに、そんな微妙な味わいを感じられたのは、想定外のことだった。

「あれは何ですか。緑色のきれいな……」

「あれはヒスイです、ミャンマーの」

「ミャンマーにも拾いに行くんですか」

「ロンドン塔の下でも拾ったことがありますよ。あそこ水が引くと、いろんな石が落ちてるんですよ。でも、ドブ臭いんですよね。おしっこかなんか流れてるのかな。あとマダガスカルとかね。マダガスカルは鉱物がいいんですね。でも石持って帰ろうとすると、えらい怒られましてね、大変でした」

「世界じゅう行かれてるんですね」

「海外で石の話すると、のってくる人多いですよ。イギリスでもドイツでも。日本人で鉱物の話するやつははじめてだとか言われて、言葉もあんまり通じないけど、コレクション見せてくれたりね」

海外ではひと足先に石ブームが来ているのだろうか。

「でもまあ、石拾うなら日本がいいですよ。日本は地質が複雑で、いろいろな石が拾えます。ダイナミックさでは、ブラジルとかああいうところには負けますけど。日本はね、火山の国なんで、凝灰岩とか火成岩が多いんですね。だからいいんですよ。

北海道の様似《さまに》川とか行くとね、かんらん岩といって岩石のなかで一番地球の深いところから出てきた石があるんですよね。オリーブ色で、透明感があって、とてもきれいなんで、僕好きなんですよ。そういうのが拾えると、よくぞここまで出てきたなあと。

あと、これなんか、きれいでしょ。酒匂川の石なんですけど、沸石っていう鉱物が入ってて……」（p250・写真15）

次から次といろんな石が出てくる。渡辺さん自身が、まさに図鑑そのもののような人だ。実を言えば、ここに紹介したのは、見せてもらった石のほんの一部で、私はもっともっと多くの石を見たのであるが、渡辺さんの図鑑に載っているものも多いので、ここでは割愛している。

ここに写真を載せた石は、そんななかでも、私なりに琴線に触れたり、ぎりぎり触れなかったりしたもので、地味だと言いながらも、それらの石に惹かれている自分がいたのは事実だった。

「写真だと、なかなか伝わらないんですよね」

と渡辺さんは言う。

たしかに私も今回、普通の石でも、実物は図鑑で見たよりずっといい感じがすることに驚いた。当初の、こんな地味な石のどこに魅力があるのかという疑問は、返り討ちにあったような形だ。そこには、私が目指すいい感じのする石ころと、共通する何かがあった。

しかしそれが何かは、まだうまく説明できない。

「僕が石ころの図鑑を作るのは、みんなが石ころに興味を持ってもらえれば、川ももっときれいになると思うからなんですよ。

僕は普段子ども向けの本ばかり作ってるんだけど、見てくれたら興味持ってくれるかもしれないわけですから。それをね、国立公園だから持っていくなとか、うるさいんですよ。石なんか、拾いたいものを拾えばいいんですよ。そうやって興味持つことのほうが大事なんです。石なんてまた出てくるんだから。自然はまた再生するんですよ、原発と違ってね。原発事故のせいで阿武隈川の河口とかもう石なんて拾えなくなったでしょう。いい川なのに。相馬の海岸だって、もう行けない。ひどい話ですよ。腹が立ってしょうがないね」

まったくだ。あんな大事故を起こしておいて、いまだ脱原発しないってどういうことだ。

と、私も、原発の不条理について、思いをめぐらしていると、

「そうそう。千葉の鴨川にね、いい石があるんですよ。うっすらピンク色のね、きれいな鉱物。斜灰簾石《しゃかいれんせき》っていうんですが、見ると、きれいだなって持ち帰りたくなりますよ」

って、渡辺さんはまた石の話に戻っていた。石への愛があふれている人なのであった。

そしてこのあともまだまだ多くの石を見せていただいたのだが、長くなるので、このへんにしておこう。

ごくごく普通の石ころの、魅力の一端に触れた一日であった。

さらに詳しく石について知りたい方は、渡辺一夫著『日本の石ころ標本箱』（誠文堂新光社）、『素敵な石ころの見つけ方』（中公新書ラクレ）をご覧ください。

# 大洗の坂本さん

## 「ぜひ拾いに来てほしい」とのメール

あるとき、編集の武田氏から思わぬ連絡が入った。

河出書房に、この連載を読んだ読者の方からメールがきたというのだ。

おお、なんと、読んでいる人がいたとは！

あ、いやいや、そりゃいるだろう。いて当然である。なにしろ今は、石ブームなんだから、日本全国の何万、何十万というものすごい数の人々が、これを読んで石への愛を再確認しているはずだ。あるいはひょっとすると、何十万ではきかないかもしれない。何百万、何千万という老若男女が、これを読んで全国の海岸に繰り出している可能性が……と、書いていて、ちょっと悲しくなってきたが、とにかく実際ここにひとりでも読んでくれている人が存在することが証明されたのである。素直にうれしい。

さっそく転送されてきたメールを読んでみると、送り主は茨城県の大洗《おおあらい》に住む坂本圭

大洗の海にはいろんな石が落ちていた

一さんという年配の男性で、自分も地元の海岸で石を拾い集めている、なかなかいい石が拾えるので、ぜひ宮田さんも拾いに来てほしい、という内容が、石への愛がひしひしと感じられる文面で綴られていた。

何より感動したのは、拾いたいのは〈いい感じの石〉だという私の主張に、全面的に賛同してくれていたことである。

宝石でも、パワーストーンでも、鉱物結晶でもなく、そして水石ですらなく、なんら市場価値はないけど、なんかいい感じのする石。坂本さんも、そういう石が好きだとのこと。

やはり、いたのである。

〈いい感じの石〉好きが。

一般に、ネット記事や雑誌を読んでいてもメールを出そうとまで思う人はごく少数だから、この一通のメールの背後には、何万、何十万という〈いい感じのする石〉好きが……って、しつこい？

とにかく、ぜひ坂本さんに会いに大洗に行き、自慢の石を見せてもらったり、私も石を拾ったりしたい。

さっそく奇岩ガールにも声をかけ現地集結することにし、今回はさらに、この連載でも登場いただいたメノウコレクターの山田英春さんも同行してもらえることになった。なんでも山田さん宛てにも、坂本さんから同様のメールがあったそうである。大洗ではメノウも拾えるらしい。

そしてもうひとり、今回、新たな人物をひとり誘うことにした。

「石拾い？　全然意味わかんないです」

と、この企画に興味をまったく示さないどころか、私の石好き発言に対し、前々から、「石ブームなんてきてません。宮田さんの思い過ごしです」「しょぼくないですか、石」と否定的な言動で神経を逆なでし続ける、私の友人で、旅ライター兼編集者の山田静女史である。メノウコレクターの山田さんと同姓なので、ここでは静御前とでも呼ぶが、このいまいましい女が、石の素晴らしさを目の当たりにして打ちのめされんことを願い、連れていくことにする。

本人も「石なんか興味ない」と言いつつ、山田英春さんとは旧知の仲であることもあって、ついてくることに同意した。

というわけで、総勢5名の大所帯で、大洗を訪れることになったのである。

いい大人が5人もうち揃って石拾いに出かけたことはこれまでなく、石ブームの高まりが、空前の規模で進行しつつあることを感じさせる。

「あ、わたしは違いますから。数に入れないでください」


「他に拾ってる方は？」「誰もいません」


茨城県の大洗町は、水戸から下った那珂川《なかがわ》が太平洋に流れ込む、そのすぐ南側に位置している。

メールをくれた坂本さんは、大洗町でお菓子屋を営んでおられる五十すぎの男性であった。顔合わせもそこそこに、拾った石を見せていただく。

プラスチックケースに小分けされた石たちを見た瞬間、思わず興奮した。

おおおお。（p251・写真1）

〈いい感じの石〉が、たくさんあるではないか！

「全部大洗の海岸で拾いました」

メノウ、珪化木、ジャスパーなどのほか、なにやら古代の文様が描かれたような石、不思議な縞模様のある石、タイル調の礫岩、ころころとなめらかな褐色のチャート、イラスト風の赤い模様のある石、亀甲石のようにも見える黒くて溝の入った石。どれも市場価値はなさそうだけれども、いい。

見た目も面白いし、持った感じも気持ちいい。

気になる石がたくさんあったが、なかでも私は、イラストのような赤い模様のある石が気に入った。（p251・写真2）

模様が、動物のようにも、ミシンのようにも、機関銃のようにも、いろいろに見える。何となくメキシカンな色合い（勝手なイメージだけど）。こんな色と模様の石が、そのへんの海岸で拾えたってことが素晴らしい。

それにしてもずいぶんなバラエティだ。これだけ違うタイプの石が一ヶ所で拾える場所は貴重である。

さらに、ケースに入りきらないほかの石も見せていただく。

どれも宝石のように輝いているわけではないが、淡く絶妙な色合いであったり、思わず手でさすってみたくなるような滑らかな肌触りであったり、ごってりと落ち着きのある形状であったり、ひとつひとつに気になる味わいがあった。

たとえばこの絶妙な色合いの礫岩は、エゴン・シーレの絵画のよう。（p251・写真3）

べつになんてことはない石だけれど、たたずまいが素敵ではないか。これぞまさしく〈いい感じの石〉だ。

さらに不思議だったのは、この満月のような模様のある石。（p252・写真4）一度風化で開いた穴に、後から別の成分が入り込んで固まったのだろうか。それがこんなふうに黄色いというところが奇跡的である。

「この石は、最初見つけたときには持ち帰らずに、そのへんに置いておいたんですが、2、3日たって見に行くと、まだそのまま置かれていました」

おお、誰にも持っていかれなくてよかった。

「大洗では、他に石を拾ってる方は、いないんですか」

「誰もいません」

「愛石会みたいなものは？」

と重ねて武田氏が尋ねたが、そんな組織はないそうだ。

いい石が拾える地域では、石好きが集まって会を作ったりするものだが、こうやってジャスパーやアゲートが拾える土地に誰もいないというのは珍しい、と山田英春さんも首を傾げていた。

山田さんによれば、那珂川の上流には、メノウが採れるスポットが散在しており、大洗の海岸の石も、いくつかはそこから流れてきたのだろうとのこと。つまり大洗は、潜在的

5. メノウの笛を吹く坂本さん

にいい石に出合う可能性が高い場所なのだ。

ただ、港が整備されてからいい石は減った、と坂本さんは言う。ほかにも、源流部に砂防ダムなどができたりすると流れてくる数は減る。そうやって、海辺に流れ着くいい石は減っていくのである。

「こんなのもあるんです」

と坂本さんが、突然首にぶら下げていたメノウを唇に当て、吹きはじめた。ピョーっという音がする。おお、メノウの笛だ。

いいぐあいに穴が開いていたから、吹いてみたそうである。（写真5）

「石と対話したりするんですか」


「いつから石を拾うようになったんですか」

「昔、東京で働いていたことがあって、そこから戻ってからですね。10年ちょっと前でしょうか。海辺を歩いていて、大きな赤メノウを拾ったんです。それ以来、散歩で海に行ったときは、いい石がないか見ながら歩いています」

「毎日散歩に行かれるんですか」

「今はそうでもないですが、行くときは毎日のように行ってました。近いから、いいのがあれば拾ってくる感じで」

いつでも気軽に石拾いに行けるのが、うらやましい。

「一度、大きな珪化木を見つけたんですが、大きすぎて持ち帰るどころか、ひっくり返すこともできませんでした」

話すほどに、大洗の海岸への期待が高まってくるわけだが、ここにひとり、冷ややかな遠目対応で、

「石好きの人は、石と対話したりするんですか」

と、トンチンカンな質問をしている人がいる。静御前だ。

静御前は、常日頃から私の石発言に対して冷ややかなツッコミをくり返しているが、今日も朝から、「石なんかより、石を見て喜んでる人見てるほうが面白い」とか「石が川から流れてくるってどういうことですか。川にそんなにたくさん石ありましたっけ?」とかわけのわからない質問を連発して、場の空気をかき乱していた。時間の無駄なので、相手にしなくていいと思う。

そんなわけで、坂本さんの石を見せていただいた後は、いよいよ石を拾うことにしたい。

坂本さんの案内で、まずはアクアワールド茨城県大洗水族館近くの海岸へ向かった。那《な》

珂《か》川河口のすぐ南側だ。

「いつも、だいたいここで拾ってます。この季節は石が少ないんですが」

「そうなんですか」

「この季節は、石をごそっと取り除けてしまうんで、本当は冬に来たほうがいいんですよ」

「石を取り除けてしまう？」

「ええ、そうです。海水浴シーズン前に、石を取り除けてしまうんで。川だと、石拾ってると怒られるところもありますが、ここは、むしろ石持ってってくれ、ってぐらいですよ(笑)」

波打ち際まで下りていくと、砂浜のなかに、ところどころ石が集まって塚のようになっていた。たしかに海水浴場としては、石はただの邪魔ものに過ぎないのかもしれない。

この頃は私も、海岸に下りて転がっている石をざっと見た瞬間に、ここはいけそうだとか、ダメそうだというのが、わりとすばやく判断できるようになってきた。

どこの海岸でも第一印象は地味な感じを受けるもので、いきなりいい感じの石が目に付くことは少ない。それでも、探せばありそうな気配がある場所と、そうでない場所があって、その差を見分けるポイントは、パッと見たときのバラエティである。たとえ一見地味に見えても、いろんなタイプの石が目に入ってくれれば期待できる。
アクアワールド茨城県大洗水族館前の海岸は、こんな感じだった。（写真6）
モノクロ写真なのでわかりにくいかもしれないが、黒っぽかったり白っぽかったり、バラエティが感じられるのではないだろうか。

6. 大洗の海岸の石たち

実際に現場で見ると、おおむね灰色や茶色っぽい石が多いため、カラフルという印象はほとんどなく、石拾いを始める前の私ならば、このぐらいの海岸を見ても、食指は動かされなかっただろう。

しかし、これは十分いけるほうなのだ。

そもそも日本に、ひと目見ただけで派手な石がゴロゴロ落ちている海岸などどこにもない。すぐにいい石が見つかると思ったら大間違いで、いい感じの石は、こういう一見地味にも見える海岸を丹念に探すことによってしか発見できない。

石拾いの道は甘くないのである。

そして、いろんな海岸を訪ね歩くうちに、このタイプの地味さが、実は可能性を秘めた地味さであることも、わかってきた。

（同じ地味でも、全部が同じ色の石に見える海岸は、拾ってて面白くない）

なんといっても、ここには、メノウが落ちている。何度も海岸での石拾いを繰り返してきて、メノウがあるとないでは、楽しさが全然違ってくることが判明している。透明感のあるメノウそのものもいいが、石の一部にメノウが埋め込まれて不思議な造形になっているものも面白いし、メノウがあればカラフルなアゲートやジャスパーが見つかる可能性も高くなる。

大洗の海岸の第一印象は、これは期待できそう、であった。

ついでにもうひとつ言うと、火成岩よりも堆積岩が多い場所のほうが面白いことも、だんだんわかってきた。

私はこれまで、自分の勝手な印象だけに頼って石を拾ってきた。

そのとき、その石が何岩であるか、ということはとくに意識せず、いい感じのするものはいいし、いい感じのしないものはよくない、というほとんど根拠も理屈もへったくれもない態度で臨んできたわけだが、当然、自分がいい感じと思うものには偏りがあって、どうも堆積岩が多いようなのである。

それはたまたま石の図鑑を見ていて気づいたことだった。

岩石はざっと大きく分けると3種類あり、火成岩、堆積岩、変成岩であると、その図鑑には書かれていた。

写真を見ると、火成岩はマグマが冷えて固まったもので、ツブツブが均等に散りばめられた主に灰色の石ころという感じに見える。まれに赤みがかった花崗岩や、白っぽいペグマタイトなどに魅力を感じることもあるが、だいたいは粒が粗く、ざらざらして手にしっくりこない。

堆積岩は、堆積物が長い時間をかけて固まったもので、均一な成分でできているとは限らず、いろんな鉱物がぐっと詰まって形成される場合も多いから、色は千差万別。不思議な縞模様などができることもある。なかでもチャートや泥岩などは、表面がつるつるして触り心地がいい。

もうひとつの変成岩は、すでにあった岩が強い圧力や熱を加えられることによって変成したもので、これもいろんなタイプがある。ただ私の見たところ、堆積岩にくらべて色味が大人しい気がする。火成岩に似てツブツブがちりばめられているものや、灰色っぽいものの、青っぽいものが多い。

ここ大洗の海岸の石を見ると、チャートや泥岩など私の好きな堆積岩が多く目に付いた。実際坂本さんも、その手の石をたくさん拾っておられるわけで、堆積岩の多い海岸は、すなわち、いい感じの石が拾える場所ということができそうである。

ここにきてようやく、石の持つ〝いい感じ〟の秘密、その一端が明らかになってきた。

メノウと堆積岩が多く落ちている海岸へ行け。

これが、いい感じの石ころ拾いの、秘訣だったのである。

ま、そんな御託はいいから、さっさと拾おう。

## こんなに来ちゃって地球は大丈夫なのか

みな思い思いに浜辺に散らばって、石を探した。

私はひとりみんなから離れた場所で、しゃがみこんだ。

はじめに言ったように、メノウと堆積岩が多くあっても、即いい感じの石ころいっぱい、というわけにはいかない。たいていは地味な石ばかりだ。根気よく探すことが大切である。

このとき、私の念頭にあったのは、坂本さんのあのメキシカンな石だった。あんなのを拾いたい。

だが、そういう石がなかなか見つからなかった。別のタイプの石ころもたくさん拾ったが、あのコレクションを見せられた後では、どれもパンチが足りない気がする。

坂本さんのコレクションは、10年以上かけて集めたものだから、今日来て数時間で、それに匹敵するものを拾うのは至難の技だろう。というか、まず無理な話である。そこそこで妥協しなければいけない。

結局2時間ほども拾ったところで水族館前を切り上げ、坂本さんの案内で、もう一ヶ所少し南に下った灯台のある浜と、大洗磯前神社の眼前にある浜にも移動してさらに拾い続けた。

静御前も、ひとりだけしらけた態度でいるわけにもいかなかったようで、黙々と拾っていた。

「どうですか。石の素晴らしさに開眼したでしょう」

声をかけてみると、

「たしかに、拾いだすと拾ってしまいますね」

と答えて、やはり何びとも石の魔力には逆らえないことが、はっきりした。

「でも、せっかく海に来てるのに、なんで下ばかり向いてんのか。もっと顔を上げるべきなんじゃないか、って思わなくもないです」

そんな最後のあがきもみせていたが、悔しさのあまり、何かひとこと腐さないではいられなかったのだろう。本心では、石の素晴らしさに打ちのめされているはずである。

拾った石を見せてもらうと、小さな晶洞のある石や、赤い斑が印象的な石などを見つけていて、意外にいい感じであった。石の魅力に抗えなかった証拠である。（p252・写真7）

最後に全員の拾った石を見せてもらうと、武田氏が拾った石は、バラエティに富んでいて、白くて不定型のすべすべした石が気持ちよさそうだったし、赤、茶、ベージュ、白と

段階的に色が変化している小さな石もきれいだった。（p252・写真8）

奇岩ガールは、いつも通り、楕円形の手に馴染む石を拾い集めていたようだ。とりあえずたくさん拾って、このなかからいいものを選び、残りはリリースすると言っていた。（p252・写真9）

山田英春さんが拾った石は、今回のメンバーのなかでももっともバラエティ豊かで、赤と黄色にきっぱりと色分けされた面白い石のほか、珪化木やメノウもきっちり見つけておられた。（p252・写真10）

私はといえば、丸っこい石をついたくさん拾ってしまったのだが、目当てのメキシカンな色合いの石は発見できなかった。（p253・写真11）

ただ、メノウの大きな透明感のある塊や、ジャスパーと思われる石も拾うことができた。（p253・写真12）

石の隙間に入り込んだメノウが、ちょっと人前では見せられないような形状になったものも発見。ある種の陰陽石と言えるかもしれない。（p253・写真13）

こうして並べてみると、大洗の海岸は、やはりいい感じの石拾いには、格好の場所だったと言えそうだ。坂本さんからメールをいただいてよかった。

「小学校のとき、はじめてメノウを拾ったときは、こんな透明な石があるんだと、とても驚きました」

坂本さんの驚きは、よくわかる。小学生がこの海岸で石を拾ったら、まず石の虜になることは間違いない。今回初体験の静御前も、

「どうして、ひとつの場所にこんなにいろんな種類の石があるのか」

と不思議がっていた。

さらに、それだけにとどまらず、こんなにいっぱいの石がいったいどこから来たのか、こんなに来ちゃって地球は大丈夫なのか、とわけのわからないことまで心配していた。

「どういう意味ですか？」

「だって、こんなに石来ちゃったら、地球の形変わっちゃうじゃないですか」

「そうですよ。そうやって山が浸蝕されて、谷が出来て、って地形が変わっていくんですよ」

「えぇーっ？　簡単に考えすぎてない？」

「はあ？　何言ってるのか意味わかりません」

「すごいことだと思うんですけど」

「当たり前のことです」

「こんなにたくさんの石が砂防ダムでせき止められて、流れてこなくなったってことは、現場は大変なことになってるんじゃないかと」

「そうです。砂防ダムってすぐに埋まってしまって、大変なんですよ」

「ええーっ！」

「そんなことより、どうでしたか、拾ってみて。石、いいでしょ？」

「ああ、まあ、ホッとするのはわかります。石拾うのに、考えなきゃいけないこともないし、情報も込み入ってないし。よし、これを集めるぞ、とは思いませんけど」

あくまで、自分はまだハマってないのだと、最後に言い訳めいたアピールをする静御前であったが、後で聞くと、自宅に帰って翌朝、拾った石を取り出して洗い、部屋に並べてみたりしたとのこと。ハマっとるがな。

こうして、またひとり、いい感じの石に魅せられた人間が増えたのだった。

坂本さん、呼んでいただいて、ありがとうございました。

# 石ころの聖地〈津軽〉巡礼

## ツンデレ傾向のある女、再び

この企画もいよいよ大詰めとなってきた。

大詰め？　とくにそんな感じはしてないけど、という読者もあるか知らんが、理論上は大詰めなのである。

武田氏によると、このところ上層部から、いつまで石なんか拾ってんだなどの罵声が漏れ聞こえてくるとのことで、そういう意味で大詰めというか大詰め寄られというか、いずれにしてもいい加減盛り上がりたいところである。

そんなわけなので、いよいよ津軽に行くことにした。

津軽こそは、いい感じの石ころの総本山と言っても過言ではない。全国石ころ拾い愛好家垂涎の聖地だ。否、愛好家だけではない。どんなに石ころに興味関心のない人間でも、津軽の石を見れば、たちどころに石ころフリークになってしまうという祝福の土地である。

かくいう私も、それまで漠然としか拾ってこなかった石ころを、本気で拾おうと思い直したきっかけが、とあるギャラリーで津軽の石の展示を見たことだった。

錦石と呼ばれるそれは、もはや自然の芸術と呼ぶにふさわしい姿で私を魅了した。宝石のように、ただキラキラ輝くだけの美しさでなく、かといって水石のように敢えて侘び寂びを見出す必要もない。不規則で、バラエティがあり、清も濁も渾然一体としているけれども、そこに意外性の美が宿っているような美しさ、まさに自然な美しさが際立っていたのである。しかもそんな石が海岸にゴロゴロ落ちていると聞いては、居ても立ってもいられないではないか。

さらに錦石に限らず、津軽半島には、さまざまな美しい石ころが転がっているのであって、この回を読めば、これまで石拾いに懐疑的だった読者や上層部もこぞって石フリークとなり、今後の末永き連載継続を熱望するようになるはずである。

それと同時に、実はこの連載を始めたときから、いつの日かきっと、武田氏や奇岩ガールを津軽へ連れて行き、その素晴らしさを伝えたいと思っていた。武田氏は、いまだ石ころに真に魅了されていないふうであるし、奇岩ガールは逆に素晴らしい石を拾いたくてウズウズしている様子がうかがえる。これはもうふたりまとめて津軽に連れていくしかないと判断した。

そんなわけで3人で行こうかと思っていたところ、思わぬ知らせが入った。なんと、かの静御前が行きたいと申し入れてきたのである。

最初は石に批判的だった彼女も、大洗で拾った石をきれいに洗って部屋に飾っているというから、いよいよ石拾いフリークの仲間入りか。

「違います。津軽に前々から行きたかったんです。石は関係ありません」

本人はそう言うが、大洗といい津軽といい、わざわざついてくるのは、石そのものの魅力に抗いきれなかったか、そうでなければ颯爽と石を拾う私もしくは武田氏の粋な姿に惚れた以外に説明がつかない。嫌い嫌いと言いつつ、本当は好きというツンデレ傾向のある女ということである。

出発前から、これ見よがしに太宰治『津軽』などを読んで、総合的に津軽に関心があるふうを装っていたが、きっと頭の中は石（もしくは石を拾う粋な私か武田氏）のことでいっぱいなのであろう。

そんなわけで小雨降る9月の青森空港に集結した石拾い団一行4人は、さっそくレンタカーを借りて、津軽半島を北上したのであった。

最初に向かうのは、今別である。

今別は津軽半島の北端近く、先日お会いした渡辺一夫さんの『海辺の石ころ図鑑』に、「綱不知《つなしらず》の海岸」として載っている場所が目的地である。ベンガラの原料となる成分を含んだ、現地では「赤岩」と呼ばれる石が拾えることで有名だ。ただ渡辺さんによれば、そうそう見つかるものでもないようだから、まあ総合的な視点でナイスな石を拾おうと思う。べつに「赤岩」でなくたって、いい感じの石ころが拾えればそれでいいので、楽しみであった。

「いいですねえ津軽。せっかく来たんだし、金木《かなぎ》の斜陽館《しゃようかん》行きませんか」

静御前が何か言ったようだが、それは無視してレンタカーを走らせる。

しばらく北上し、途中、陸奥湾に面した玉松台《たまなつだい》というところで休憩して、海岸に出てみたが、ここは砂浜で、石ころは拾えなかった。

津軽に限ったことではないが、同じ地域でも入江ひとつ、ビーチひとつズレるだけで、石が拾えたり拾えなかったり、あるいは拾えても全くタイプが違ったりして、石拾いの世界もなかなか奥が深い。日本じゅうすべての海を、ひとつひとつ丁寧に探索していけば、津軽を超える、いい感じの石ころが拾えるビーチがどこかに隠れているのかもしれない。

外ヶ浜町に入ると、半島を回り込みつつ道は蛇行をはじめ、そこここに石の落ちた浜が現れるようになってきた。ああ、早く石を拾いたい。どこかで車を停めて降りてみたい。するとと、弁天崎に至る手前で、車が停められるちょうどいい駐車帯があったと思ったら、そこが綱不知海岸だった。

さっそく海辺に下りてみたところ、岩場のある石の浜になっており、ざっと見た感じ、

1. 綱不知の海岸

落ちている石にもバラエティもあって、いかにもいい感じのきれいな石ころが見つかりそうな気配であった。（写真1）

雨で濡れていたのも大きい。石は水に濡れると色がはっきりして、きれいに見えるからだ。

傘を差しながら、石を拾う。傘が風ですぐに裏返ってしまい、拾いにくいことこの上なかったが、幸いにも雨はさほど強く降っておらず、そのうち傘などどうでもよくなって、ますます積極的に拾った。

「いい石が多いですね」

「さすが青森」

とかなんとか、時折思いついたように賛辞の声をあげる以外は、みな無口になって、黙々と拾う。

そのへんはみな心得ており、余計な前口上などぐだぐだ述べたりはしないのである。石ころ拾い旅は、浜に下りた瞬間から、各自が己の世界に自動的に入るのだった。かの静御前も熱心に拾っている。

## 「石ころかぶれ」と「太宰かぶれ」

1時間ぐらい拾っただろうか。みなそれぞれに満足気で、静御前などは、興味ないなどと言いつつ、いい石を見つけていた。(p254・写真2)

手前の、石英の中にイナズマ模様の石が食い込んでいるやつなど、なかなかの味わいである。

本格派の石コレクターであれば、こんな水晶でもないうえに不純物が混じった石英など、絶対相手にしないと思うが、市場価値とかそういうものを度外視して見れば、この不純物の存在がとてもいい味を出している(気がする)。逆に水晶なんて私はちっともいいと思わない。すっきりし過ぎて、整数でも眺めているようだ。それよりも、不純で不規則で雑でランダムな石ころのほうを、私は美しいと思う性質である。

奇岩ガールも、糸魚川の薬石に似た、まるでバラのような模様の浮き出た石(p254・写真3)のほか、どことなく艶かしい形をした不思議な模様の石ころを拾っていた。

「いつもは私、丸っこいのを拾うんですけど、今回は変わった石が多かったので、そういうのを狙いました」

ほんの1時間で、これだけいい感じの石を拾えるのは、やはり津軽ならではと言える。

武田氏だけは、後に、

「雨で濡れていたせいで、どれもきれいに見えたけど、宿に着いて洗って乾かしてみると、たいしたことありませんでした」

と、このときのことを振り返っていて、あまりいい石は拾えなかったようだ。

私はというと、いかにも山の景色に見える石ころを拾った。（p254・写真4）

これも糸魚川の薬石とそっくりだが、景色のそれらしさは秀逸である。

メノウが混じった石が、たくさんあった。やはりメノウの透明感は気になる。水晶は純粋すぎてピンとこないが、不純なメノウは、うねうねと曲がりくねって、どんな模様ができるか想像もつかないところが面白い。

とはいえここ綱不知では、これという逸品を拾うことはできなかった。静御前のイナズマ石英に完敗である。

ひと通り拾って満足したら、この日は、静御前、奇岩ガールの強い希望で、竜飛岬《たっぴざき》観光に行くことになった。

竜飛岬は、私も学生時代に初の一人旅で訪れたことがあり、そのときはどこで知り合ったのか、30代の男性と、女子大生ふたり組と一緒に回ったのだった。女子大生たちは、ふたりとも大変美人だった記憶があり、私もそのときは学生だったので、その後どのような美しい展開になるか、可能性は計り知れないものがあった（可能性だけだったが）。

思えば、今回奇しくも男女ふたりずつという同じ組合わせでやってきた私だ。しかし、残念ながら今度の相手は女子大生ではなく、とくにこれという可能性は感じられないのであった（まあ、向こうにも言い分はあろうが）。

竜飛は青函トンネルが通じた今も、強烈な最果て感のあるところで、平成になった今も、昭和以前の空気が漂流しているようなそんな場所であった。

階段国道を下って港に出ると、太宰治の文学碑があり、今回の旅に先立ち突然の太宰かぶれとなった静御前は、碑の前で記念撮影していた。

「いやあ、『津軽』読んでみたら面白かったですよ。いきなり、諸君！　とか言ってギャグかと思いますよ」

## 後で磨くことを前提にしていいのか問題

石拾いの聖地津軽をめぐる旅2日目は、錦石の産地である津軽半島の西海岸へ向かう。最初に目指すのは、小泊《こどまり》の青岩である。

かつて別の取材で、錦石拾いの達人・石戸谷秀一さんという方に教えてもらったポイントだが、石拾い好きの間では有名な場所らしく、メノウコレクターの山田英春さんも、渡辺一夫さんも、みな一度は拾いに行ったことがあるようだった。

朝、青森市街のホテルを出発し、津軽半島を縦断かつ横断して、小泊へ。

「小泊といえば、太宰の乳母が住んでた場所ですよ」

静御前のどうでもいい情報は聞き流し、ひたすら北上。昨日と違って、海沿いは青空が広がって、青岩に着いた頃は、暑いぐらいであった。

「いいなあ、海」

目の前にひろがる豪快な日本海の景色に、みな一様に目を見はる。紺碧《こんぺき》の海と、荒々しさを秘めた陸地のコントラストが美しい。

浜は砂浜で、波打ち際にやや大きめの小石がごろごろ転がっていた。（写真5）

ここでもわれわれはとくに合図もなく、無言で石拾いを開始。

ただ、いい石があがるのは、冬のシケの後と言われており、今回は残暑厳しい9月であることや、なおかつ、いい石は朝早くから全国の石拾いファンが大挙して押し寄せ（このときはすでにみな引き上げた後だったようで誰もいなかったけれども）、おおかた先に拾って持っていってしまったと推察されることなどを憂慮し、私は、波打ち際ではなく、膝ぐらいまで海に入っ

5. みんな気に入った青岩の海岸

て水中で探そうと、水着と箱メガネを持参していた。

あらかじめ道の駅で水着に着替えておき、さっそく箱メガネを持って海に入る。それを波打ち際の少し先の海面に押し当て、水中を探索するのだ。

しかし、やってみると、波のせいで、体を一定に保つことが難しく、箱メガネごと揺さぶられてちっとも落ち着かない。この日はさほど波があるほうではなかったが、小さな波でも水の力は強烈である。じっくり見たいのに、右に左に揺れるばかりで、こんなことでは全然ダメだ。思い切ってシュノーケルセットを持ってくればよかったと後悔した。

仕方ないので、箱メガネはあきらめ、それでもせっかく水着で来たのだから、人が近寄れない波打ち際のやや海側を漁ることにした。

青岩の石は、色も形もさまざまで、大物が潜んでいそうな気配がそこらじゅうに漂っている。そのうちきっとすごい石が見つかるのではないかという予感に胸が高まっていく。

一方で、そう思わせておいてなかなか見つからないのが石というものだから油断はできない。

以前ここで拾って帰って、メノウコレクターの山田英春さんに磨いてもらった錦石のことが頭をよぎった。あれはなかなかの石だった。今回もあんなふうに大化けする石が拾いたい。

なので、あからさまに光っているようなわかりやすいものは避け、石英が多様な色の石と混じり合っているような複雑な模様のものを探す。

あのとき拾った錦石は、磨いて透明になった部分が最初は白く濁っていて、全体に灰色っぽく見えていた。通常なら灰色の石など目がいかないが、今回に限っては、逆にそういう濁った石英を狙う。

黄土色のなかに細く石英質の帯が流れ込んでいるような石がたくさんあった。これがそうだろうか。磨けば化けるのだろうか。よくわからないから迷ってしまう。

昨日の綱不知海岸ではどんよりと灰色だった北の海が、今日は青くギラギラと輝いて、広大である。天気予報では、今日一日曇りとのことだったのに、いったいこれのどこが曇りなのかさっぱりわからん強い日差しが降り注ぎ、ジリジリ暑い。自分だけ水着で来て正解である。

「下向いて石拾ってて、ときどきふと我に返って顔を上げて景色を見ると、すごいところにいるなあと感動しますね」

武田氏が言った。

そうなのだ。まさに、この景色だけでも十分楽しめるほどなのだが、それは置いておいて石を探す。

さして広い浜でもないにもかかわらず、われわれはしつこく2時間も石を拾った。それだけ長く熱中させる期待感があるのだった。

昼前には、さすがに疲れてあがることにしたが、終わってみれば、さんざん石に興味ないと言っていた静御前も、

「楽しかった～。ここは探し甲斐がありました。この景色のなかで拾うっていうのがいいですね。拾って景色眺めて、また拾ってというのが」

と満足げであった。

みんなの石を見せてもらうと、奇岩ガールがいい感じの石ころをたくさん拾っていた。このメノウの流体模様もきれいだし（p255・写真6）、ランダムに石英質が流れ込んだ錦石は磨けばかなりの味わいが出そうである。（p255・写真7）

そしてこの、ツブツブの入った妙な石は、小さいけれど、とてもかわいい。（p255・写真8）

私はというと、とにかく錦石と思われるものをいっぱい拾った。このままではたいして美しくないけれども、東京に戻ったら磨いてみるつもりである。（p255・写真9）

後で磨くことを前提に石ころを拾うというのは、果たして〈いい感じの石ころ拾い道〉の理念に反していないのか、という疑問もなくはないが、もはや私は、いい感じの石ころとは何か、という定義そのものがどうでもよくなっていた。拾った時点で、いい感じでなくても、後でいい感じになるなら、それでもいいんじゃないの、という実に曖昧で無責任な立場だ。

## 何びとも石の魅力には抗えない

これまでずっと、いい感じとは、どんな感じのことだろうか、と折に触れ考えてきたが、もうそんなことはどうでもよかった。自分がよければ、何だっていいのだ。そしてその自分の嗜好さえもころころ変わる。

そうやって曖昧で無責任だからこそ、石拾いは自由で楽しいのだ。私は何かを本格的にコレクションしているわけではなく、全部単なる遊びなのである。

午後にはさらにもう一ヶ所、十三湖方面に南下した海岸で、また石を拾った。

このポイントは、テトラポッドと護岸堤防に固められた狭いビーチだったが、小石が溜まっていて拾いやすい。青岩のような何が出るかわからない期待感はないものの、そここきれいな石が多く落ちていた。

色みの派手な石をたくさん拾う。（p256・写真10）

ひとつの場所でこれほどのバラエティがあるのは、さすが津軽というしかない。

そしてここでも奇岩ガールが、面白い石を拾った。（p255・写真11）

なんだか暗号が書かれている。その暗号が金色に輝いて美しい。

いつもいい石を拾う奇岩ガールは、今回の津軽について、

「メノウが好きなんで、メノウが多くてあがりました」

とうれしそうであった。

武田氏のも見せてもらうと、今回の旅で拾った石を全部ごちゃ混ぜにしてしまったので、どれがどこの石だかわからないと言いつつ、妙な流木含め、いくつか面白いものを拾っていた。（p256・写真12）

「やっぱり青岩が凄かったですね。何か出るんじゃないかという予感があった。それに比べると、ここは初心者向けですね」

何度も拾ってきた経験者ならではの上から目線の発言。当初は、編集担当だから文句は言わないけど、実はそんなに石ころに興味ないです、というふうだった武田氏も、今ではすっかり石ころ拾いマニアとしての自覚が出てきたようだ。

そしてあの静御前でさえも、

「景色がいいと石拾いも楽しいですね。その場所で石を拾うことで、そこの地形とか風景とかその一部を持って帰れる感じがするのがいいと思います。この石どこから来たんだろうとか考えたりするの楽しい」

と語り、石ころ拾いは、万人があまねくハマる趣味であることが証明された。何びとも石の魅力には抗えないのである。

そんなわけで、今日は２ヶ所で拾って津軽石ころ拾いの旅終了。

## 逆に後からだんだんよくなってくる石

私個人は、正直に言えば、期待したわりには、これだ、という説得力のある石に出合えなかった感は否めないけれど、すべては運であるから、しかたない。

「宮田さん、いつもそんなこと言ってますね」

と武田氏。

たしかに、どこに行っても納得のいく石が拾えたことが、あまりない。

だが、かつてお話を伺ったことのある錦石拾いの達人石戸谷さんも、大洗の坂本さんも、『海辺の石ころ図鑑』の渡辺さんも、しょっちゅう海に来て拾って拾いまくったなかから、いい石を選んでいるわけで、一度ふらっとやってきて1〜2時間拾っただけで、そうそう素晴らしい石に出合えるものではないのだ。そこはあきらめて、石を拾う時間そのものを楽しみたい。

そういえば、奇岩ガールはこんなことを言っていた。

「持って帰って見ると、なんでこんなの拾ったんだろって思うことも多いんですけど、逆に後からだんだんよくなってくるものもあるんですよ。北九州で拾ったオレンジの石があるんですけど、ヤスリで磨いたら、すごくきれいになって、形も手にしっくりくる感じで、今とても気に入っています」

　そうそう、石は拾った後でも、印象が変わるのである。私も、どれかの石が今後化けることを期待したい。

　こうして、石ころを拾う以上はいつか来なければと思っていた津軽の旅も終わった。

「今からなら、金木の斜陽館寄れますよ」

　にわか太宰マニアが相変わらず何か言っていて、そんなのは無視しようと思ったんだけれども、実際時間は余っていたので、そういうことならと寄って帰った。私は太宰なんて、さっぱりどうでもいいのであるが、まあ、なんとなく見られるものは見たのである。

「いつから太宰ファンなんですか」

　と静御前に詰め寄ってみると、

「3日前ぐらいかな」

　と、しゃあしゃあと言ってのけたものだった。

# 北海道石拾いだけの旅

## 北海道で、ただただ石を拾う

いい感じの石が拾える場所はどこか。

ずっと、それについてアンテナを張りながら、石拾い行脚をしてきた。

私が拾うのは、主に海岸で、たまに川原で拾う場合もあるが、山に入って土をほじくったりしてまで拾うことはない。

理由は、ひとつには、私が石に求めるものはその石の形や持った感触が大切な要素で、どんなに色が美しくても、貴重な鉱物でも、尖っていたりゴツゴツしていたりしていては、なんだか愛着が湧かないということがある。山の石はおおむねゴツゴツしがちである。

それにくらべ、海辺や川原の石は丸っこくて、すべすべして、ずっと触っていたいと思わせる肌合いのよさがある。

もうひとつは、山に入って石を拾うとなると、それなりに装備もいるし、人里から離れていてアクセスが不便だったり、現地の人に歓迎されなかったり、虫に刺されたり、仮に石そのものはよかったとしても、拾う過程が楽しくなさそうだということがある。海辺や川原ならば、そういうことはあまりない。

私の石拾いは、石そのものの魅力だけでなく、それを拾うときの状況も魅力的であることが大事で、広々とした海辺や川原で無為な時を過ごすこと、その時間まで含めての趣味なのである。

そういうわけで主に海、まれに川、というのが私の石拾いフィールドなのだが、拾い始めてみると、どこの海や川でもいいというわけにはいかなくて、魅力的な石が落ちている場所は限られていることがわかってきた。

できれば、どういう場所にいい感じの石ころが落ちている、という法則のようなものを見つけたいのだが、それについてははっきりしたことはわからない。

それでも何度も出かけるうちに、なんとなく、ざっくりとした感触ではあるが、北日本の日本海側の海岸は質が高いんじゃないかと思うようになってきた。

もちろん西日本にも、太平洋側にも、いい感じの石が拾える場所はあるし、東京のずっと南、小笠原諸島にも海岸にメノウが落ちていることを先日知ったけれども、その地方全体で、広範囲にいい石が拾えるという点で、北日本の日本海側は一歩抜きんでている感がある。

その筆頭は言うまでもなく津軽半島であり、さらに北、北海道の江差《えさし》に近い大安在浜《おおあんざいはま》でも、いい石をたくさん拾ったことがある。

噂によれば、北海道には他にもいいスポットがあるようだから、あらためて行ってみようと考えた。

できれば、車を借りて、日本海側を舐めるように走り、あらゆる海岸という海岸を手当たり次第に攻略したい。

北海道といえば、石拾い以外にも、あちこちに行ってみたい場所があるけれど、今回は海岸以外には寄らず、ただ一筋に石を拾うつもりだ。何であれ、旅に目的があるときは、それ以外のことには目もくれず、そればかりやることが肝要である。

題して、北海道石拾いだけの旅。

そうして、急遽スケジュールに空きができた10月も末の頃、私は新千歳空港へ飛んだのだった。

## 石よりも骨のようなものが落ちてそう

10月末ともなると、北海道では峠道などそろそろ雪が積もりだす時期だそうで、雪道を走り慣れない私は、レンタカーでの移動に不安もあったが、だからといってバスや電車で海岸を自由に巡ることは不可能である。多少の雪はがんばって運転するしかない。

空港で車を借りた際、スタッドレスですか？　と尋ねてみると、いいえ、との返事であった。

んんん。今のところ雪の情報はないとはいえ、いつ降り出さないとも限らない。かくなるうえは、慎重に、かつテキパキと事を進めようと思う。

まずはまっすぐ札幌に向かい、そのまま札幌市街を通り越して日本海を目指した。

この日は札幌に宿をとっていたが、とにかく早く海に出て海岸の石を見たい一心であった。

札幌のすぐ北に石狩湾があり、湾に注ぐ石狩川は、水石の世界では神居古潭石という有名な石が採れる石拾いの本場である。たしか『愛石』編集長の立畑さんがそう言っていた。

しかし私は、とくに石のブランドにこだわっているわけではないし、いい感じの石であればそれで結構なので、何でもいいから拾いたい。

２３１号線を北上しながら海岸を探していると、海に面して崖が続いている壮観な場所に出た。地図によれば、望来浜《もうらいはま》というのらしい。

車を停めて浜に出てみると、細やかな褐色の砂浜で、石はあまり落ちていなかった。それでもいくつか埋もれている石を取りあげてみたら、すぐにメノウが見つかった。

おお、あるじゃないか。

これだけ石の少ない場所でも簡単にメノウが見つかるなら、石が堆積している場所にはどっさりあるはずだ。メノウは、ない場所にはまったくないので、やはり北海道の日本海側は期待できると感じた。

さらに北海道の海の眺めは、本州とはまた違う趣きがあって魅了された。褐色の砂と流木からなる景色に、非人間的な味わいがあるのである。海の色は重く、浜は白く潑剌と輝いたりして人間に媚びることをせず、漁師の存在ですら場違いなような非人情な風景。太古の気配というのだろうか、海獣や、むしろ恐竜が似合う荒涼とした眺め。石よりも骨のようなものが落ちてそうである。

まれに石にまつわるエッセイなどを読むと、太古の昔に出来た石が、今こうしてここにあることの不思議について思いをいたす、みたいなことが書いてあったりする。今目の前にある石に悠久の歴史を感じるとかなんとか。

そんな文章を読んでも、私は何の共感も覚えることができず、そりゃあ事実はたしかにそうだろうけど、そんなこと何にも思わないねえ、なんて舐めきっていたが、北海道で拾った石なら、そんなことも本当に感じそうな気がした。

そうして、しばらく望来浜周辺を探索してみたものの、どこもきれいな砂浜ばかりで、石の収穫はなかった。

## やるではないか北海道

翌日は、さらに北上して留萌《るもい》へ向かう。

ツイッターで、留萌の石もいいよ、と教えてもらったからである。

私はどうしても津軽を中心に考えていたので、最初は北海道といっても道南に期待していたのだが、いいのは道南だけではないらしい。ひょっとすると留萌から松前半島までずっと、いい感じの石地帯が続いているのかもしれない。

札幌から3時間走って留萌に入り、さらに留萌の町から海岸沿いに232号線を北上して、教えてもらった道の駅「おびら鰊番屋《にしんばんや》」に車を停める。

海岸線を車から見た感じでは、石の落ちていそうな海岸どころか、砂浜さえもほとんどなく、果たしてどこに石があるのか不安に感じられた。あるいはこの時間帯は浜が沈んでいるのだろうか。干潮の時刻を確認してくるべきだったか。

心配になりつつも、海に下りてみた。ちょうど道の駅の前だけ堤防が切れて階段になっている。

堤防の陰に長い浜が隠れているのを期待したが、そこには長さにして100メートルにも満たない、海に向かって半円形に張り出した小さな浜があるだけだった。（写真1）

1. 留萌の海岸

これっぽっちなのか……。

少なからず落胆したものの、それでもボチボチ探してみると、意外にもこの短い浜がなかなかのスポットであることがわかってきた。

カラフルな石や、美しい文様のある石の割合が高めなのである。

メノウだって落ちている。

たとえば、こういう石が見つかるところが凄い。

（p257・写真2）

たくさんの色の粒が入り混じって、ドロップのようである。形はつまらないが、ここまで色の入り乱れている石はなかなか見ない。

さらにこれは、砂岩だろうか。同心円がいくつも浮かび上がっていて、どことなくオーストラリアのアボリジニ・アートを彷彿させる。形もややブーメランみたいだし、アボリジニ石と名づけた。

（p257・写真3）

なかでも私が一番気に入ったのはこの石で、色は地味だが模様の緻密さに味わいがあって、形もいい。(p257・写真4)

このレベルで、もっともっと海岸が長く続いていたら素晴らしいことであったのに、残念である。

あっという間に、隅から隅まで探し尽くしてしまい、仕方ないので、道の駅で帆立カレーを食べて昼食とした。

ちなみに、ここで昼食をとったのは私としては上首尾であった。私はひとりで旅をすると、よく昼食を食べ忘れることがあるのだ。忘れてない場合でも、食べたいときに、食堂がなかったり弁当を買ってなかったりして、結局晩飯と兼用になってしまう。帆立カレーは、すぐに車に乗って別の場所へ移動しようとした瞬間に、ハッと今が昼時であることに気づいたのだった。我ながらグッジョブであった。

満腹後、今度は海岸線を南下し、途中堤防の下に下りられる場所を見つけたので、そこでも石を探す。

石の数はあまり多くないのだが、すべすべ感のある石が多くて、拾っていて楽しい。

このとき拾った中心にカッターで傷をつけたような、淡いピンク色の石。なんだかこんな現代アートを見たことがあるような気がする。(p257・写真5)

そして、ここで見つけた最高の石がこれ。形といい色合いといい、非の打ちどころのな

いすべすべ石だ。（p257・写真6）

丸っこい石は、これまでにも各地で拾ったが、これほど手に馴染む石はそうそうない。石の世界では完全な球体の石はないと言われる。しかし、実際に手に持つ側から言えば、完全な球にはあまり魅力を感じない。むしろ手にしっくりくるのはこういう楕円形の石で、握っているとほのかに温かみさえ感じるようである。

種村季弘の『徘徊老人の夏』というエッセイ集に、「何でもない石の話」という小編がある。まさに海岸や川原で何となく気になる石を拾ってしまうという話なのだが、そのなかで松山巖のエッセイからの引用で、拾ってきた小石を手の中で握りしめると気が楽になるという話を書いている。宝石や名石のような固有名詞のある石では気持ちが楽になることはない、そこらに転がっている普通名詞の石にだけその効果がある、石は何でもない石に限る、と種村氏は断定する。

実にその通りだ。

この何でもなさがいいのだ。私の拾った石は、まさにその何でもない石だった。何でもないうえに色もちょっときれいな気がする。

固有名詞、普通名詞のたとえも、よくわかる。何カラットのダイヤモンドみたいな商品化された石＝固有名詞の石には、握っていて気持ちが楽になる温かみのようなものはないのだ。もし今、この丸っこい石の横に20カラットのダイヤモンドが落ちていたとしよう。

どっちかひとつを拾うかと聞かれれば私はもちろん……いや、この質問はやめておく。

種村氏は、このエッセイのなかで、石は海岸や川原が原産地と書く。事実はそうではなく、山が原産地と言うべきだが、そんなことは種村氏もわかっており、わかったうえであえて海岸や川原が原産地と書くのは、浸蝕され角がとれて丸みを帯びてこそ石なのだという、石ころ拾いの核心を突いての言葉だと私は理解した。

ゴツゴツした石など、石じゃないのだ。

そんなわけで留萌では、まずまずの収穫があった。

やるではないか北海道。私は留萌から北上して、稚内までの海岸をすべて拾い倒してみたい気がしてきたが、すでに道南の宿の予約を取っていたので、拾ったなかからひと通り石を選んで残りはリリースすると、車に乗り込み、再び南へ進路をとったのだった。

## 台風がだんだん近づいてきたらしい

翌日はずっと南へ下り、エビの尻尾のような道南のぐっとくびれたあたり、島牧の海岸を目指す。島牧の江ノ島海岸は、メノウやジャスパーが拾えることで有名だ。

それにしても北海道は広い。ひたすら走らないと目的地に着かない。ずっとひとりで運転していると、やたら眠かった。

この日は朝から小雨で、ラジオが日本に台風が接近中と告げていた。気をもみつつ、道央自動車道から黒松内を経由して日本海に出てみると、海はまだ荒れていないようだった。海が荒れたら石など拾っていられないので、ほっとする。本当は、荒れた後、海から新しい石が打ち上げられたときがチャンスなので、時間があれば台風の通過を待つのが一番いいのだけれども、そんな日程の余裕はない。荒れたなら荒れたで、海岸沿いで待っていたら、高波で石が飛んでこないかとも考えるが、ちょうどいい感じの石が私めがけて飛んでくる可能性はほとんどないと思われる。日本海に出たら、浜という浜に片っ端から下りて石を探そうと決めていたので、さっそくそれを実行した。

最初に下りた名前もわからない浜では、数は少なかったが、そこそこいい感じの石が散見され、やはり道南の日本海側はいいとの思いを強くした。

海岸に沿って西へ向かうと小さな漁港があり、そこでも車を停めて浜に下りてみた。堤防の上からたくさんの石といっしょにゴミもいっぱい落ちているのが見え、あまり拾って楽しい感じではなさそうだったのだが、下りてみると、ちょうど雨のおかげでどの石も美しく光って、なかなかのスポットであることがわかった。（p232・写真7）

もちろん雨に濡れた石がきれいに見え過ぎることは、百も承知であり、注意深くいい石だけを拾わなければならないが、雨に濡れていなければ、ゴミのせいでこの浜はパスして

7. 島牧の港。ゴミにまじっていい石が……。

8. 帆かけ船の模様が浮かぶ

いたかもしれないと思うと、雨に感謝したい気分であった。

ここで拾ったのは、やや派手さには欠けるものの、そこそこいい感じの石たちで、なかでもこの何やら帆のような模様が浮き出た石は、おそらく磨けば白い部分が透明になって、ぐっとくる石に化けるのではないかと思わせる。どこか中世の写本画に出てきそうなタッチで、帆の周囲は航海図のように見えなくもない。（写真8）

さらに移動し、有名な江ノ島海岸にたどり着いた。（写真9）美しい石の転がる浜は、日本の渚百選にも選ばれているが、どういうわけか年々石が少なくなっているそうだ。

歩いてみると、メノウやジャスパーもあるにはあるが、小さいものばかりで、これは！と思うほどの魅力的な石には出合えなかった。強いて挙げればこの変な模様の石が面白か

った。（写真10）

ミルキーな色合いと大胆な筆使いが面白い。って、筆は使ってないけども。

歩いていてカラフルな石もそれなりに目につき、何かに出合えそうな期待感があるものの、どういうわけかいい石がない。

トンネルを越えた先に道の駅があったので、食堂で尋ねてみると、

「昔はもっときれいな石いっぱいあったんですけど、今はほとんど持っていかれて、あんまりないですねえ」

との答えが返ってきた。

たとえ多くの人が拾いに来ているとしても、もうちょっと何かあってもよさそうである。今日は運がなかったということか。

期待の江ノ島海岸だったが、ここは早々に切り上げて、私はさらに西へ車を走らせた。もっといい浜があるはずだという確信があったのである。

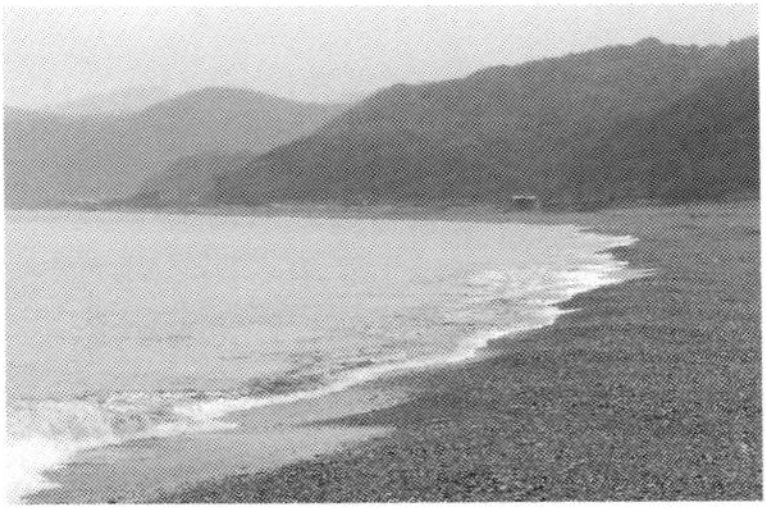

9. 有名な江ノ島海岸

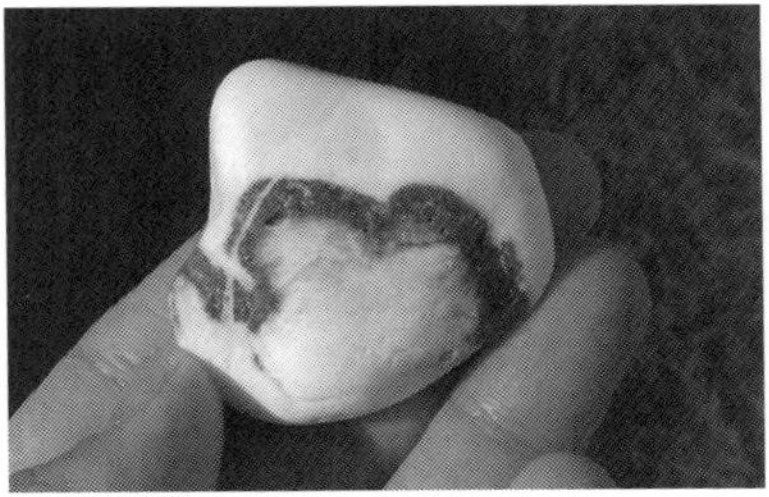

10. 大胆な黒いラインが気になった

しかし、下りられる海岸にはなるべく下りながらドライブを続けたものの、期待に反して、石がゴロゴロ落ちている浜は少なかった。というより、ほとんどは道路のために護岸されているか大きな岩礁になっているかで、そもそも浜自体があまりないのだった。こんなことなら、あのゴミもいっしょに落ちていた港でもっと真剣に探しておくべきだった。

瀬棚を越え、さらに翌日には乙部まで行ったが、収穫はゼロ。それどころか台風がだんだん近づいてきたらしく、海が荒れ始めた。

道南の日本海側に大きな期待をしていた私は、予想外の苦戦にだんだん気持ちがへこんできた。時間があれば、思い切って奥尻島に渡って一発逆転を狙いたいぐらいだけれども、明日帰る予定であり、荒れている海を渡る気もしなかった。

地図を眺めて、これからどうするか思案する。

あの港に戻ろうか、それともまだ他を探すか。

考えた末、かつて一度石を拾いに訪れたことのある大安在浜に行ってみることにした。大安在浜は、江差からさらに南、上ノ国町にある長い海岸だ。2年ほど前に一度来て、石を拾った。なかなかいい石が拾えたので、それもあって道南への期待が高まったわけだが、また同じ場所に行くのは、面白くない。面白くないけれども、こうなっては仕方ない。これ以上当てのないドライブを続けるのはムダである。きっと2年経っているから、石も入れ替わってるだろう。

ただ、問題は波だ。

石のある波打ち際まで近づける状況だろうか。それとも逆に、いい感じの石が波でどっぱんどっぱん打ち上がったりしていないだろうか。

レンタカーを走らせ、たどり着いた大安在浜は、案の定、大きな波で荒れていた。浜の幅が広いので下りることはできるが、浜辺の半分ぐらいまで波が洗っていた。そして悪いことに、石はほとんど落ちていなかった。

前回来たときは、石は波打ち際に堆積していた。それらは今、完全に波に没している。荒波の打ち寄せる波打ち際に、まったく濡れずに突入するのは不可能だし、危険である。おまけに浜に立っているだけで寒かった。

仕方なく内陸に少しばかり堆積した石のなかから拾ってみることにしたが、気のせいか、そのへんの石は出がらしのようで魅力を感じない。ときどき波に転がされて浜の奥まで石がやってくるので、そっちのほうを狙った。

褐色の砂浜に、波の波紋が扇のように広がり、それがやがて立ち消えてじわじわと砂に染み込んでいくなかに、ポツンポツンと石ころが取り残されている。（p236・写真12）

簡単に拾えそうに見えるが、砂は濡れてじゅくじゅくになっているから、その石ころまで行こうとすると、スニーカーに水が滲《し》みこんでくる。

なので、遠目によく石を吟味し、これぞと思った石にだけ、無駄のない動きですばやく

11. 北海道の海岸はどことなく太古の気配

12. 荒波寄せる大安在浜

アプローチした。つまり、水が滲みこむ前に、石ころに到達し、すばやくかっ攫って、ダッシュで戻るわけである。力強くダッシュするとスニーカーに重圧がかかって、かえって沈みこむから、あくまで足元は軽やかに、水面を飛び跳ねるように走り戻るのがコツだ。

## 赤い石に次の波が迫っていた

そうやって私は、いくつか目ぼしい石を拾ってみたが、なかなかいいのに当たらない。そうこうしているうちに、だんだんもっと波打ち際ギリギリにある石を手に入れたくなってきた。

危険な兆候である。

危ないとわかっているのに、そこまで行ってみたい。

高波が来るとわかっているのに、敢えて防波堤の先っぽまで行ってみる愚か者と同じだ。ろくなことにならないのは、わかっているのだ。わかっているのに、いや、わかっているからこそ、行ってみたい。

阿呆だ。阿呆としか言いようがないのは、重々承知の上である。

でも、うまくやればあのギリギリの位置にある石ころを何の被害もなく取ってこれる気がする。他の愚か者たちと違って、自分はそのぐらいできる人間だと思う。今まで一度も死んだことがないことから見ても、私はかなり運がいいほうだ。持っていると言っても過言ではないのではないか。この私が失敗するイメージが全然浮かんでこない。

私は遠い波打ち際にある石を、よくよく吟味した。

そのへんの石は、すぐに波が来て見えなくなってしまう。たまに、波がもっと手前に運んでくることもあれば、逆に波が去ったら消えてなくなっていることもある。

いい感じの石かどうかわからず、狙う石がなかなか定まらなかった。それでもあるとき波間に見え隠れする赤い石ころを発見し、よし、あれを拾ってこようと心に決めた。正直、赤いというだけで、それ以上のことはわからないのだが、もはや危険を賭して何か拾わないことには、納得できない気分になっていた。（写真13）

私はタイミングを見計らい、白い波の泡が砂浜に立ち消えるのを追いかけるようにして、海に向かって走った。

赤い石に次の波が迫っていた。

あれを手に入れてやる！

と思ったら、五歩も走らないうちにスニーカーが砂に沈み、じゅわっと水が滲みこんできて、わっちゃっちゃ。一瞬にして靴下びしょ濡れである。思わず足が止まったところに、みるみる次の波が迫ってきて慌てて撤退。

おおお、こんなに足沈むかー、そういうことは先に言ってくれよ。

って半泣きで安全地帯に戻り、だからあれほど危険だと言ったのに、と自分で自分を責めたのだった。靴下気持ち悪い。

ともあれ、もうこの浜以外に、石を拾える場所はないから、浜の陸地側にある少ない石

13. タイミングを見計らって波打ち際の石を……。

から選びまくり、最終的に、そこそこの収穫を得て車に戻ったのである。
大安在浜での戦利品はこんな感じだ。（p258・写真14）
冷静に見れば、なかなかいい。
とりわけこの黄色い石は、持った感じがちょうど手にしっくりきて、見た目もユーモラスでかわいいし、かなり気に入った。（p258・写真15）
他にも、緑の石は、鹿の子模様がいいし、ふたつの白い斑のある丸石も、あまり見ないタイプだし、白いメノウもなかなかかわいい。
参考までに前回来たときに、この大安在浜で拾った石も紹介しておく。（p258・写真16）
ここでもっと思う存分に拾いたかった。
北海道は海に囲まれているわけだから、来てしまえばそこらじゅうで拾えると思っていたのは大間違いであった。３泊４日の間に、10ヶ所ぐらいで拾うつもりだったのに、まともに拾えたのはほぼ３ヶ所だけだった。

時間が足りなかったとか、天候が悪かったという前に、そもそも石が落ちている浜自体、限られていたのである。

できれば次は道南だけでなく、サロベツやサロマ湖や、襟裳岬方面にも行って、いい感じの石を探してみたい。

ヒスイよりもいい感じの石ころを拾いに

1. 青い目玉のようなものがあるいい感じの石

2. 風景が浮かぶ薬石。題して「灼熱の大地」

3. 奇岩ガールが見つけた「星座石」

メノウ
コレクター
山田英春さん
に会いに行く

6. クレイジーレース・アゲート

10. セプタリアン・
ノジュール

13. 津軽で拾った錦石

14. 何やら怪しい輝きが……

16. 山田さんが磨くと見違える石に

17. ものすごい透明感

5. プルーム・アゲート
（アメリカ、オレゴン州）

クリソコラ
（アメリカ、アリゾナ州）

縞メノウ
（メキシコ、チワワ州）

デンドリティック・アゲート
（インド、ウッタル・プラデーシュ州）

2. いろんな石があるものだ

## 東京ミネラルショーを見に行く

6.水石の終着点。これが好きになったら臨終も近い？

9. 買ってしまった石の数々。
風景石は 1 万 5000 円

# 伊豆・御前崎石拾い行

5. 瑞々しい菖蒲沢の波打ち際

6. 晶洞がのぞく

7. 菖蒲沢から持ち帰った石たち

9. 御前崎の石はどれも
ころころしている

# 北九州
# 石拾い行

4. 顔のような不思議な石

6. ハート型の穴のある石。
偶然中が赤い

2. 武田氏いわく「ガイコクジン石」

8. 藍島の石ころたち

12. ビッグバン石

17. 奇岩ガールの楕円の石

18. 若松北海岸の戦利品

石ころ拾いの先達
渡辺一夫さんに
会いに行く

2. 流紋岩のいろいろ

3. 礫岩（遠山川）

4. ホルンフェルス（渡良瀬川）

5. 蛇紋岩（安倍川）

6. 蛇紋岩（三保の松原）

7. 礫岩（八坂八浜）

8. 礫岩（酒匂川）

9. 成羽五色石（成羽川）

10. 凝灰岩（長良川）

11. チャート（北上川）

12. 石榴石角閃石片岩（関川）

13. 黒曜石（居辺川）

14. 溶結凝灰岩（大谷海岸）

15. 凝灰岩（酒匂川河口）

1. 坂本さんの石コレクション。素晴らしい！

2. メキシカンな色合いの石

大洗の坂本さん

3. エゴン・シーレ調の石

4. 満月の浮かび出た石

7. 静御前の拾った石

8. 武田氏の拾った石

9. 奇岩ガールは楕円形を中心に

10. 山田英春さんはバラエティ豊かに

11. 私の拾った石。大洗の石は色彩豊かだ

12. 磨くと透明になりそうな予感

13. メノウは大胆である

2. 静御前のチョイス。中央下の石英がかっこいい

石ころの聖地〈津軽〉巡礼

3. 奇岩ガールの拾った風景石

4. 私の拾った風景石。
山の景色に見える

6. メノウの縞を見るとワクワクする

7. 津軽の石は模様も繊細

8. 何石とかどうでもいい

11. 金色の暗号が描かれた石

9. 磨いてみたい石の数々

10. 十三湖近くの海岸の石

12. 武田氏が津軽で拾ったいい感じの石の数々

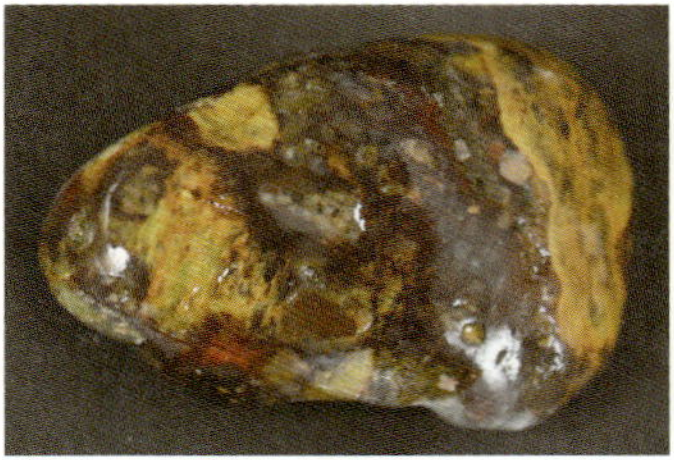

2. なんだかすごい色合い

3. なんとなくアボリジニ感

4. 地味だけれどもいい感じがする石

5. かすかな傷がいい味

北海道石拾いだけの旅

6. 非の打ちどころのないスベスベさ

16. 以前大安在浜で拾ったもの。かなり味がある

14. 今回なんとか拾った大安在浜の石

15. 見た目といい持ち心地といい、いい感じのする石

1. aさん（@azukki_ ）のバズった石たち

出雲
石拾い行

2. aさん自作の道具と不思議な石

3. ひとつ目石

4. 透明感がある

5. aさんの拾った石

6. マスターの拾った石

7. 亀の甲羅のよう

9. マスターのコレクション

11. 日御碕神社近くの浜の柔らかい色の石たち

13. aさんの青い石シリーズ

17. 尖鋒の見える石

18. なんとなくネイティブ・
アメリカンの衣装風の色合い

いい感じの石ころ図鑑

風景石（津軽）

鹿の子模様（大安在浜）

クレーターのよう（津軽）

南蛮絵ふうの色合い（出雲）

パンツ？（熊野）

なぜこんな形に？（大洗）

ゴッホの絵のよう（津軽）

仏さま（渥美半島）

小惑星のよう（出雲）

梅の枝みたいな石（室戸）

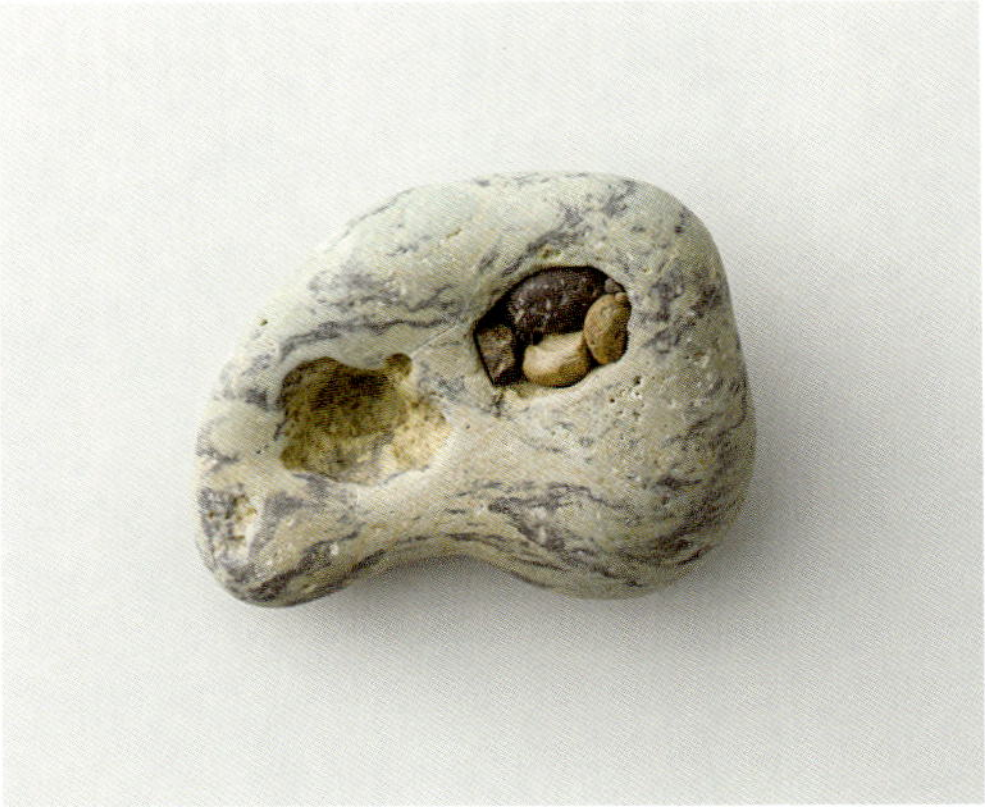

石のなかに石（津軽）

美しい紋様（渥美半島）

墨絵石（出雲）

マーブルな味わい（サロマ湖）

空から見た湿原（庄内川）

海に落ちる滝（津軽）

恐竜（津軽今別）

手になじむ石（藍島）

# あとがき

本来なら、このような本は、何年も何年も拾い続けた膨大なコレクションの中から厳選した石ころを紹介すべきだったかもしれないけれど、石ころ拾いは、むしろ息抜きのような行為だから、厳選とかそんな大仰な話とは無縁であり、とにかく海辺にしゃがみこんで、なんかいい感じのする石ころを探していれば私は満足だった。そして、それ以上主張したいことは、とくにないのだ。

だから、気軽な散歩のお供のように読んでもらえれば、著者としてはうれしいです。

この本を書くにあたり、次の本を参考にしました。

山田英春『不思議で美しい石の図鑑』（創元社）

渡辺一夫『海辺の石ころ図鑑』『川原の石ころ図鑑』（ポプラ社）
『日本の石ころ標本箱』『石ころ採集ウォーキングガイド』（誠文堂新光社）

わざわざ貴重な時間を割いて、取材に協力していただいた久世清重さん、渡辺一夫さん、

『愛石』編集部の立畑健児さん、坂本圭一さんに感謝します。ありがとうございました。また同行してくれた奇岩ガールこと朝倉麻衣さん、静御前こと山田静さん、そして誰も相手にしなかったこんな企画を受けて立ってくれた編集の武田さんにもお礼を言います。さらに、さまざまな石についての情報や知識を提供してくださったうえに、この本の装丁まで快く引き受けてくださった山田英春さんのご尽力には、お礼の言葉もありません。みなさん、ありがとうございました。

２０１４年４月

宮田珠己

追記

石ころの楽しいお話を聞かせていただいた渡辺一夫さんが、２０１８年に逝去されました。ご冥福をお祈りいたします。

２０１９年９月

文庫版付録
# 出雲石拾い行

## ツイッターで出会う

あるとき、ものすごい石のコレクションを披露しているツイッターアカウントを見つけて、色めきたった。

グラデーションのかかった色とりどりの石が木のトレイに整然と並べられた写真で、石がまるで惑星のように見えた。（p259・写真1）

なんて美しい石たちなんだ。

あまりに感動して思わずリツイートした。同じように感じた人が多かったらしく、４万以上のいいねがついていた。リツイートも９０００超えである。

そのぐらい、どれも美しい石だったのだ。

しかしいくら美しいとはいえ宝石でも鉱石でもない単なる石ころだ。それがこんなにバズるとは、世の中にはそんなにも石ころ好きがいたのか。てっきり自分のようなものは少数派かと思っていた。

ツイート主はａさん（@azukki_）といって、どうやら島根県の人のようだった。石も地元で拾ったものらしい。

島根県……。

まったくノーマークだったのである。

これまでにとくにいい石が拾えたのは、津軽と北海道、そして糸魚川近辺、あとは北九州で、島根県は丁寧に調べたことがなかった。思えばどれも日本海側で、島根も日本海側である。

なぜ日本海側にバラエティ豊かな石が転がっているのか、地質学者ではないので正確なことはわからないが、聞くところによると日本列島は日本海側にいくほど地質が古くて、逆に太平洋側は新しいらしい。日本海側には大陸から分裂したときに大陸由来のさまざまな地層が紛れ込んだのかもしれない。太平洋側は海の堆積物だけだから単調になりがちなのかもしれない。

ま、理由は深くは追究しない。専門家でもない自分にわかることはないだろうし、石を拾うときにそんなことを考える必要はなく、ただいい感じかどうか吟味すればいいだけだからだ。日本海側の石ころはいい、ということだけ知っておけば十分である。

そのａさんに連絡をとってみると、私の本を読んでくれていたようで、

「宮田さんには島根にもいい石がありますとお伝えしたいと思っていたんですよ」

との返信をくれた。もし来るなら案内するとまで書いてあって感謝したのである。

こうなったらもういくしかない。突然だが、島根県に石拾いに行くことにした。

さっそく武田氏を誘って、と言いたいところだが、単行本の編集でお世話になった武田氏は、単行本が出たあとすぐに会社を辞め、フリーランスの論客となっていた。

そんな脱サラの野望を秘めていたとは、いっしょに石拾い行脚をしているときにはまったく気づかなかった。石拾いのせいで仕事のやる気がなくなったのではないかと心配になったが、フリーランスになってからは飛ぶ鳥を落とす勢いの活躍っぷりで、もとからフリーランスの私をあっという間に抜き去って、時代の寵児となっていた。

石ころを拾ったことでパワーを得、運が開けたのではないか。本人は石のせいでトラブル続発みたいなことを言っていたが、真相は逆ではないのか。

もしそうだとしたら彼の活躍は私のおかげと言っても過言ではない。

ただそう考えると、彼よりたくさん拾っている私がさらに活躍していてもおかしくないはずだ。なのにとくに活躍しているという話は伝わってこない。なぜ私は活躍しないか。

これは武田氏が私に隠れて石をごっそり拾っていると考える以外に説明がつかない。私も彼に負けないよう果敢に拾わなければならない。

そういうわけで、今回担当編集者が武田氏に代わって中公文庫の角谷女史になった。武田氏同様それほど石ころに興味はなさそうだったが、彼女とともに島根に行こうと思う。

奇岩ガールにも声をかけると、行きたいというので現地で合流することにし、7月某日、梅雨明けの青空の下、角谷女史と私は出雲縁結び空港に降り立ったのである。

## 秘密のスポット

あらかじめ連絡していたので、aさんが空港まで迎えにきてくれた。

aさんのほかに男性がひとり、二十代に見える女性がひとりいて、男性はaさんの石拾いの師匠だそうだ。地元で喫茶店を経営しているということでここではマスターと呼ぶことにする。若い女性はaさんの娘さんでなっちゃん。聞けば、今回の石拾いのために就職先の京都からわざわざ帰省したのだそう。母子ともに石好きなのらしい。

「2年ちょっと前から師匠に教わって、石を拾うようになったんです。そうしたらハマってしまって」

aさんは言った。

ここにさらに奇岩ガールも合流し、合計6人で石拾いに向かうことになった。実は奇岩ガールは、1週間前まで盲腸炎で入院していたというから少し心配していたのだが、見たところいつも通りであった。

海沿いのカフェでランチをとった後、さっそく第一のスポットへ車を走らせる。ここはマスターが見つけた秘密のスポットとのことで場所は公表できない。ハンターには自分だけの内緒の狩場があるのだ。

秘密の海岸は、幅が非常に狭かった。すぐ背後に木々が繁り、石の堆積が海へ向かって急角度で落ち込んでいる。ここで強い海風が吹いたならば波は浜を乗り越え林まで到達するにちがいない。そのぐらいに狭く、天候が荒れたら近づくのも困難なスポットだ。

幸いこの日は大きな波もなく、波打ち際まで降りることができた。

そうして石で埋め尽くされた細い回廊のような斜面を見て、私は一瞬で悟った。

ここは全国でも指折りのスポットだ。

いろんな色の石が落ちている。しかも大量に。

いろんな色の石が落ちている浜は、それだけで合格である。しかも手ごろな大きさでかつ大量に落ちているとなれば、これはもう全国でも屈指の石ころ拾いスポットと言ってまちがいない。カラフルな石が落ちているスポットはよそにもあるが、地味な石とカラフルな石の比率がここはだいぶ違ってカラフル濃度が高かった。

「こんな場所が近所にあったら毎日拾いにきますよ」

思わず言うと、

「でも、ここで石を拾っている人を見たことがないんです」

とaさん。

「松江には他に石拾い仲間とかおられないんですか」

「いないね。うちの店にも石を飾ってるけど、何か言われたことはほぼないです」

マスターが言った。

いい感じの石ころブームはまだ山陰地方には来ていないらしい。

と、さっそくaさんが不思議な石を拾いあげた。（p259・写真2）

……って、石の前にこの道具は何？

「秘密兵器です」

聞けば、水に入らなくても石が拾えるようにaさんが自分で作ったとのこと。

簡単な仕掛けだが便利そうだ。今は7月だから足や体が濡れたってたいしたことはないが、絶対濡れたくない冬には、必需品といってもいいだろう。

拾った石ころの色も、素晴らしい。まるでフルーツのような色合い。こんな色はあまり見たことがない。

じっとしていられないので、私もさっそく石拾いを開始した。

拾ったのは、まずひとつ目石。（p260・写真3）

にたりと笑ったような表情が不気味だ。面白い。

そしてこの石も気になった。（p260・写真4）
石は濡れると魅力が倍と言われるが、これなどまさにそうだ。濡れていないとこの透明感がわからないため、ただの石ころにしか見えない。というか実際ただの石ころだけども、ひとたび濡れると大変身だ。
気がつくと大量に拾っていた。
浜辺に落ちていた板きれの上に並べて吟味する。最初のスポットでこんなに拾いまくっていては、この旅でどれだけ拾うことになるかわからない。いくつかに絞ってリリースした。
なお、ここで一番気に入った石はこれである。（p270・墨絵石）
浜がカラフルなためか、こういう白黒の石がいい感じに思えた。乳白色の下地に墨で描いたような柔らかな線が滲んでいる。墨絵石とでも呼ぶか。
ａさんが拾っていたのはこんな石。カラフルで、柔らかな形のものが多い。（p260・写真5）
マスターはこんな感じ。（p261・写真6）
大きくてごろっとした石が多い。拾う石も人それぞれだ。
この石の柄はなんだか凄い。（p261・写真7）
マスターは他にもウニの殻をたくさん拾っていた。（p282・写真8）

ここはかなり良質なスポットだった。ここを超えるのは津軽しかないとさえ思えた。だが明日はまた別のスポットに案内してもらえるらしい。島根は石拾いの天国なのかもしれない。

8. ウニ

## どんどん増える新メンバー

翌朝、さらなるメンバーが到着した。

タイの地獄寺の研究をライフワークにしている若い女子（ここでは仮に地獄ちゃんと呼ぶ）と、若い物書きのワクサカソウヘイ氏である。ふたりには以前から石拾いにいくならぜひ誘ってほしいと声をかけられていたのだ。

地獄ちゃんとは一度茨城県の大洗に行ったことがある。そのときは、総勢30人ほどで石を拾ったのだが、みなが石拾いの合間に談笑したり寝転がったりして休んでいるなか、彼女はひとり黙々と石を拾いまくっていた。最後は10キロほどにもなり持ち帰るのに苦労していたのである。よほど熱烈な石ころファンと言えよう。

ワクサカ氏についてはそれほど石ころ好きだとは知らなかったが、やばい鳥だの変な生き物だの自然物をなんでも面白がるタイプだから、石ころが性に合うのは納得だ。

「めちゃめちゃ今日を楽しみにしてました」

とワクサカ氏は言った。

松江駅でふたりを拾ったら、そのままａさん親子が待つマスターの喫茶店に向かう。マスターのお店は郊外にあって、周囲の風景から浮き上がって見えるほどのオシャレなショップだった。そこでａさんとマスターに石のコレクションを見せてもらう。

ａさんは佃煮が入っていたという浅い木の箱に整然と並べた石を見せてくれた。ａさんのコレクションはカラフルで美しい。

マスターの石は喫茶店のなかにもいくらか飾ってあったが、裏の仕事部屋に入るとすごい数が木のトレイに載せられて、あちこちに置かれていた。どれもごろっとした石で、これがマスターの好みのようだ。私が拾う石のようにチマチマしていない。(p261・写真9)

たしかにこうしてトレイに入れて並べると、ごろっとした石は映える。しかも黒や茶色っぽい石が多いので、男性的というのだろうか、あるいはアフリカの民族的な何かにも見えてくる。こういうのもいいなと思った。

マスターにいつから石を拾っていたのか尋ねると、子どもの頃からだそうで、子どもの頃は考古学に主に興味があり「須恵器の破片なんかも拾ってました」という。かなりマニアックな幼少時代を過ごしたようである。

おいしいコーヒーを御馳走になり、そのあとはみんなで立石神社へ。

森の中にビルほどもある大きな岩が鎮座し、かつては祭祀場だったという立石神社。マスターによれば、ここで祈った後しばらくして昨日のスポットを見つけたというから、石拾いにご利益がある神社なのだ。古代出雲の人々も、ここでいい感じの石ころが拾えるよう祈願したのかもしれない。古代人が石ころ拾ってたかは知らんが。

この日最初に向かった石拾いスポットは日御碕《ひのみさき》神社である。

日御碕神社は出雲大社のさらに奥、島根半島の最西端に位置する由緒正しき神社であり、観光スポットとしても知られている。が、われわれはそこは素通りし、その先にある浜へ急いだ。

「日御碕神社に誰も目もくれないなんて」

神社好きな奇岩ガールが呆れていたものの、たどりついた浜にはいい感じの石が待っていた。（写真10）

今回初拾いとなる地獄ちゃんが、さっそく持参したバケツを手元に置いて、黙々と拾い始めた。

ワクサカ氏も張り切っている。

「いいすねえ、石拾い。自分にとって価値のある石を探して拾って、そしてそれを取捨分別する行為って、自分の嗜好や癖と向かい合わざるを得なくて、座禅的なトリップ感があるというか……」

小さい浜なので、さほど時間をかけずに拾ったが、それでもみるみるうちにいい石が貯まっていく。赤紫色の丸っこい石が多かった。

似たような色の石が多い浜での石拾いは、わりと飽きやすいのだが、なかなか飽きない。よく見るとひとつひとつの石のなかにも色の変化があり、並べてみるといい感じなのだ。ここで私が拾った石を後に並べて撮影した写真がこれ。（p262・写真11）

10. 日御碕神社近くの浜

全体に赤茶色のものが目立つが、柔らか味があっていい。

そうして石を拾いながら、私はマスターの部屋にあったたくさんの石を思い出していた。

マスターの拾うごろんとした石。あの味わいが印象に残っていて、なんとなく大きい石を拾いたくなっている自分がいる。これまで手に余るような大きい石は持ち帰るのも重いし、あまり拾わないようにしていた。拾うたびに好き嫌いは揺らぐといっても、どちらかというと私は模様でも形でも奇抜な石を拾う傾向がある。

その石単体がどれだけインパクトがあるか、という目線で選んでいた気がする。

しかし出雲の石はひとつひとつというよりも、全体でグラデーションのようなものを作り出したくなる色合いというか、組写真のようにまとめて見せたい感覚があった。思えばaさんのツイッターにアップする写真も、たいてい単体でなくお盆やケースに入った全体で見せているものが多かった。そうやって集合で見たときには、ある程度同じような色合いの石がまとまっていたほうがいい感じに思える。これまでに私が拾った石は、お盆に並べると、きっと石同士がケンカしてガチャガチャした印象になるだろう。そういう場合は、個を主張しすぎない石が集まっていたほうがいいのだ。

これは結構重大な路線変更になる可能性がある。

無論どっちが正解ということはない。どっちにしたって石ころである。好きなものを拾うだけだ。

ただ気分として、同系色のごろんとした石の集まりが落ち着いて大人びた感じに見えるような、そんな気分の変化が自分のなかで生まれようとしていた。

## 同系色の石を揃えるという発想

ひととおり拾ったら、移動することになり、今度は島根半島の北側、越目浜という場所に案内された。（写真12）

ほとんど人気のない浜で、ひっそりしている。波打ち際へ進むと、ここもいい石が落ちていた。

「ここと次にいく猪目浜《いのめはま》では青い石が拾えるんです」とaさん。

言葉通り浜全体に青い石が多い。先の日御碕神社とはずいぶん違う。

12. 越目浜

先の日御碕神社と同じような赤茶けた石もあるが、青い石もあり、バラエティが豊かになった。

豊かになったと思う一方で、同系色の、たとえば青い石だけを揃えたら気持ちいいかもしれないという誘惑も胸の中に沸きあがってきて困惑した。

いやいや、どうせ拾うなら単体でインパクトのある石だ、全体で見せるとアートになってしまう。んんん、仮にそうだとして何が悪いのか。誰かに見せるために拾っているわけではないし、自分が見て全体でいい感じであれば、それはそれでいいのでは？

その後すぐ隣の猪目浜でも、われわれは石を拾った。この場所に慣れているaさんは青い石ばかり拾っている。そしてそれがきれいだった。（p263・写真13）

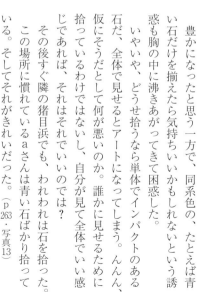

ここはさらに青い石の含有率が高く、私もaさんのように青のグラデーションを作りたい衝動に駆られた。けれどグラデーションを全部持ち帰るとなると相当重い。持ち運ぶのが大変という理屈でひとまず自分を納得させたものの、この問題は小骨のようなものとなって喉に引っかかった。

石拾いは終わり時が難しい。日のあるうちはいつまでも拾っていられるから、どこかで決断しないと終われないのだ。決断した直後にひょっとしたらすごい石を見つけていたかもしれないと思うと、やっぱりもうちょっとだけ拾ってから帰ろう、なんて言って歯切れの悪いことこの上ない。とくに今後もう二度と来れないかもしれない遠い土地だとなおさらである。

ただこの日は、角谷女史が夜の便で東京に戻ることになっており、空港まで送らなければならなかったので、時間を決めて出立した。

2日間お世話になったマスターとaさんとなっちゃんにも別れを告げた。冷えたペットボトルとか、海で拾ったあと足を洗う水とか、われわれのためにいろいろと準備してくれて本当にありがとうございました。

その後出雲縁結び空港まで角谷女史を送り届ける。彼女はこの文庫本の担当編集者として同行しただけなのに、いつの間にかドカドカ石を拾っていた。しまいには石が重すぎる

と言い出して、空港の駐車場で選別しはじめる始末である。（写真14）
このように何人もいい感じの石ころを目の前にすると拾わずにはいられないのであって、拾い始めたが最後、こうして持ち帰れないほど拾ってしまうものなのであった。
ちなみに彼女が気に入ったという石がこれ。（写真15）
本人いわく、椅子みたいでかわいいとのこと。私には一瞬便器に見えたのだけれども、本人が気に入っているのであれば、何でもいいのであった。

14. 角谷女史、石を選別する

15. 角谷女史お気に入りの便器石、
じゃなかった椅子石

## 迷い

　さて、出雲探石旅行も3日目、最終日である。

　マスターやaさんはもういない。担当編集の角谷女史も東京に戻り、残っているのは奇岩ガールと地獄ちゃん、ワクサカ氏、そして私の4人である。

　車に乗って、初日に案内してもらった秘密の海岸へ向かう。地獄ちゃんとワクサカ氏は初めて訪ねるスポットだ。この2日で回ったなかでもっともバラエティに富んだ石が拾えるスポットでもある。最後はやはりここで締めたい。

　海況によっては浜に降りられないので、その点がやや心配だったが、この日の波もたいしたことはなく、到着したわれわれはさっそく石拾いを開始した。

　いつも通りどんどん拾う。

　いい石が多いので、あっという間に手持ちがいっぱいになってしまう。見れば、地獄ちゃんのバケツもすぐに山盛りになっていた。（写真16）

「今まで石拾いは宝探しみたいな感覚で、山の中からいかにいいものを見つけられるかが楽しかったんですが、すべてが素晴らしい宝の山に入ってしまって逆に選べなくて拾えない」

そういうわりにはたくさん拾っているのだが、これは落ちている全部の石を持って帰ろうとしているのかもしれない。

私も快調に拾った。

気に入った石はいろいろあったが、たとえばこれ。（p263・写真17）

石の中にマッターホルンのような尖鋒が見える。

16. 地獄ちゃんのバケツはあっという間に満杯

この色も素敵だ。どことなくネイティブ・アメリカンの好みそうな模様だ。（p263・写真18）

時間はたっぷりあったのに、みるみる過ぎていく。石拾いに集中していると1時間や2時間はすぐに経ってしまう。

島根に来てよかった。全国でも指折りのスポットという見立ては間違っていないと思う。

ただ、そうして次々と多様な石を収集しながらも、私は迷っていた。

自分は小さい石を拾いすぎではないか。もっと大きなごろんとした石を拾ってもいいのではないか。

そう感じ始めていたのである。

派手な石や、変わった形の石、何かに見える面白い石ではなく、たとえ地味でも赤黒かったりしてもいいから、もっと大人っぽい、民族的な、ひとつあるだけでは何の変哲もないごろんとした石。それをいくつかまとめて飾ったら、マスターの持っていたようなかっこいいディスプレイになるのではないか。

もちろん、色は侮れない。たとえばそれが灰色ではイマイチな感じがする。やはり黒系統の、こげ茶色か、暗い赤、もしくは濃紺、じゃなかったら真っ白がいいだろうか。

マスターの部屋を見たせいでだいぶ影響されてしまったようだ。

そうした石はいくらでもあり、いくつか手に持ってみると、重い。これをたくさん持って帰るのはやはり厳しいと思った。迷いながらもいつもと同じような石を拾う。それはそれで悪くない。

いまだに定まらない《いい感じの石ころ》の基準。

そして、そのとき私は不意に思い出してしまった。

かつて東京ミネラルショーに行ったときに、水石の店で言われた言葉を。たしか店主はこういったのだ。

石好きは「最後は丸くて黒い石にいくんですよ」と。

私はそれを石の終着点。もっと言えば人生の終着点のようなものとして受け取った。そのときはまさか自分はこんな石は好きにならないだろうと思ったのだが、あれはこのことを言っていたのではないか。

チマチマと色や形や模様に惑わされているうちはまだまだで、ごろんとした黒々とした石が究極だと。

果たしてそれが真実なのかどうかはわからない。あくまでその店主個人がそう思っているだけかもしれない。

だが今、その言葉にかすかな真実味を感じなくもない。

結論は出ない。出したくない。

私はまだ自分はその境地に到達していないと言い聞かせるようにして、石を拾い続けた。

**⓫御前崎**（御前崎市）
持ち心地、触り心地のいい
丸っこい石が豊富。

愛知
**⓬庄内川下流**（春日井市）
都市近郊にありながら
メノウも拾える。

**⓭高松海岸**（渥美半島）
カラフルで触り心地の
いい石が落ちている。

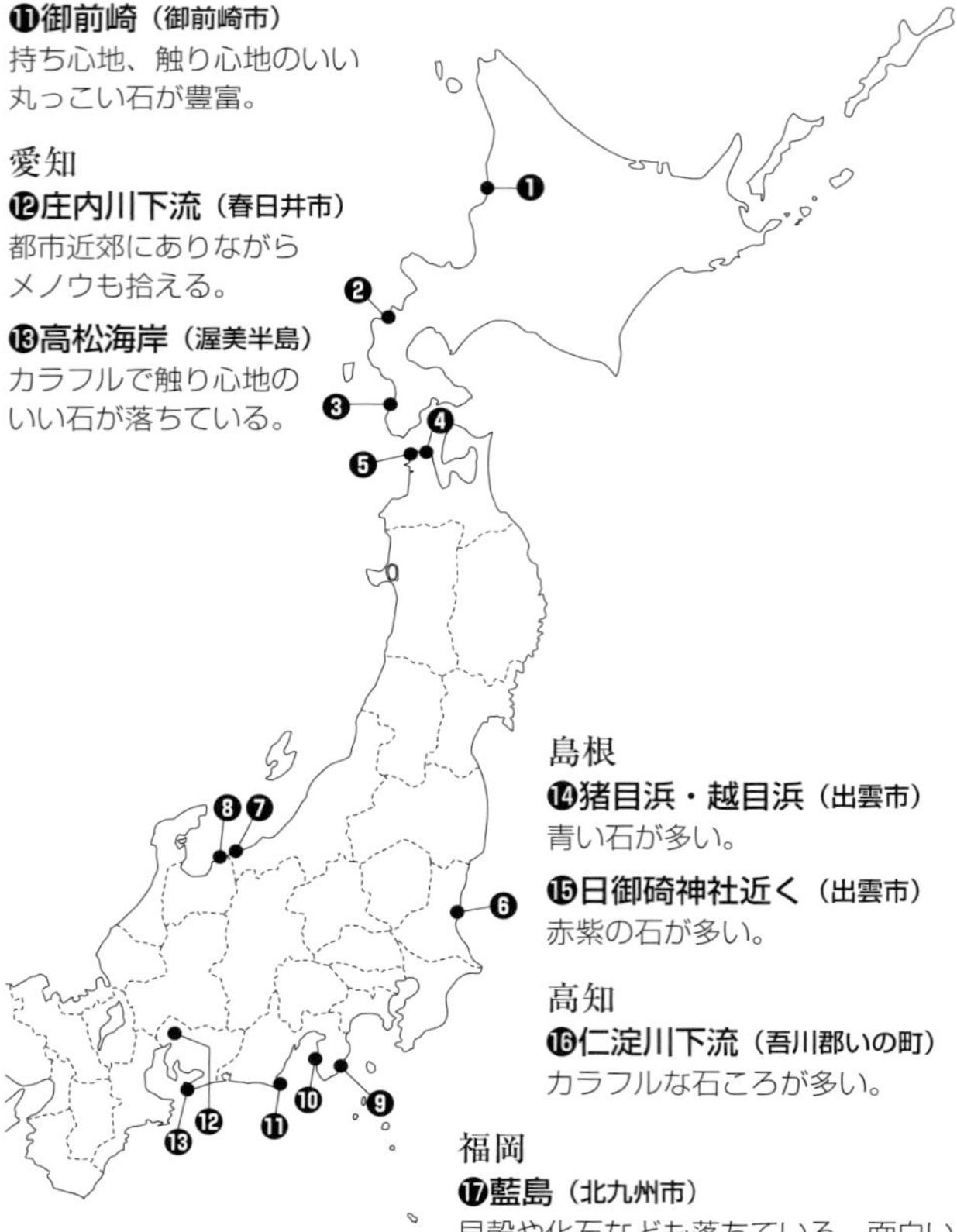


島根
**⓮猪目浜・越目浜**（出雲市）
青い石が多い。

**⓯日御碕神社近く**（出雲市）
赤紫の石が多い。

高知
**⓰仁淀川下流**（吾川郡いの町）
カラフルな石ころが多い。

福岡
**⓱藍島**（北九州市）
貝殻や化石なども落ちている。面白い
穴場。ビンの破片に注意。

**⓲夏井ケ浜**（遠賀郡芦屋町）
変な形の面白い石が多い。天然記念物
の地層を傷つけないよう注意。

# 石拾いスポットMAP

## 北海道

**❶道の駅おびら鰊番屋前**（留萌郡小平町）
とても小さな浜だが、いい感じの石が落ちている。

**❷江ノ島海岸の東の小さな港**（島牧郡島牧村）
江ノ島海岸から東へしばらく行った漁港。メノウも落ちている。

**❸大安在浜**（檜山郡上ノ国町）
広大な浜。波打ち際に石が多いので、波の高い日は危険。

## 青森

**❹綱不知海岸**（東津軽郡今別町）
メノウほかバラエティのある石が落ちている。

**❺青岩**（北津軽郡中泊町）
錦石が拾える。個人的に一番好きな浜。

## 茨城

**❻大洗磯前神社前の海岸**（東茨城郡大洗町）
メノウほかバラエティのある石が拾える。水族館前もいい。

## 新潟

**❼青海海岸**（糸魚川市）
有名なヒスイの浜。ヒスイでなくてもいい感じの石がある。

## 富山

**❽越中宮崎海岸**（下新川郡朝日町）
青海海岸の並び。
ヒスイ拾いの人が多い。

## 静岡

**❾菖蒲沢**（賀茂郡河津町）
石英がたくさん落ちている珍しい場所。

**❿仁科海岸**（賀茂郡西伊豆町）
カラフルな石が落ちている。
なかなかの穴場。

# 解説 「意味がない」という尊さ

武田砂鉄

この本に散々出てくる編集者の「武田氏」とは自分のことで、文庫版に新たに加わった「出雲石拾い行」にも書かれているように、単行本が出てからすぐに会社を辞めているので、宮田さんと石ころ拾いをした記憶と、会社を辞めようと思っている気持ちは、ざっくりと同じところに保存されている。

とはいえ、石ころを拾いながら、これからどうしよう、と思い悩んでいたかといえば、そんなことはない。宮田さんと石ころ拾いしたことが人生のターニングポイントになった、ってことにすると、サラサラと解説が書けそうなのだが、そんなことはないのだからそうは書けない。石ころを拾った日々は、自分に何の影響も与えていないのである。宮田さんと石ころを拾ったから今があるんです、と力技で宮田さんに感謝を述べることもできなくはないのだが、今、胸に手を当てて問いかけてみたら、やっぱりちょっと無理がある気がしている。

一〇年間ほどの出版社生活だったが、上司に通しやすい出張報告書とそうではない出張報告書というものがあり、「△△海岸↓昼食↓△△海岸↓ホテル泊」なんていう報告書は圧倒的に後者である。この本のための出張は、後者ばかり。宮田さんは地方に行こうが、その土地の名産品を食べようとしない。なんたって、海岸で石ころを拾っているのだから、そこら辺の店に入るだけで、美味しい海鮮を食すことができるはず。それなのに、宮田さんは、ファミレスやチェーンの居酒屋を好む。実は自分もそうで、どんぶりからこぼれそうな海鮮たちにそこまで興奮しない。

拾った石をファミレスのテーブルに並べて鑑賞する。五〇〇〇円に満たないレシートを出張報告書にくっつける。「もっといいとこで食えばいいのに」と上司。「いいとこで食べようとしないんですよ、宮田さん」と私。事件取材ではないので、「ちょっと急いでタクシーを走らせまして」なんて緊迫感はゼロだ。海岸取材にお金はかからない。出張報告書には、行った場所と、そこでかかった経費を記す項目がある。「△△海岸　〇円」と書く。余計なお金を使っていない出張という評価もできるが、その出張自体が余計なのではないか、という指摘がいつ浮上してもおかしくはなかった。

いや、実際、浮上したこともあった気がする。「大人がわざわざ石ころを拾いに行く」という行為を、毎日あくせく働いている人たちの生活にぶつけていくのって難しい。「武田さ、来週の木曜って、打ち合わせする時間ある？」「あっ、すみません、出張です」「何の？」「石ころ拾いです」「石ころ？」。宮田さんは、本書で、石ころを拾うだけの旅の尊さを語っているが、その「尊さ」を作り、支えるのはけっこう大変だったのである。そこはこの際、正直に言ってしまいたい。

この世の中、それをやって何の意味があるのか、と問われることばかりである。表向きは優しい。社会が良くなるとか、困っている人が助かるとか、五分かかっていたのにこれで三分になりますとか、万が一の時に逃げられるかもしれないとか、あれこれが良い方向に向かっている感じがある。でも、そのすぐ裏側に、役に立つかどうか、という問いかけが存在している。そこに意味がなければ、役に立つという予測がなければ、動き出すことができない。意味のあることばかりやっている人が、たまにはボーッとする時間も必要なんです、とか言いながら、瞑想したり、本を読んだり、旅に出たりしている。それが日頃のビジネスに活きているんです、ってことになる。無意味なことが、意味を作るために用意されている。そういう姿を見て、カッコいいだとか、冴えてるだとか言われている。朝、サーフィンをしてから出社とか、週末は山小屋に籠って事業を見つめ直すとか、そうやって研ぎ澄まされていく感覚が石ころ拾いには皆無である。

思えば、この本が刊行された後も、時代の最先端をひた走るビジネスマンからの反応は皆無だった。時代の最先端をひた走らない人たちからは歓迎された。『いい感じの石ころを拾いに』なんてタイトルではなく、『石ころを拾えば、夢が叶う』とか『マッキンゼー式　石ころ処世術』とか『なぜ年収三〇〇〇万円を超える人は石ころを拾うのか？』なんてタイトルにしておけば、丸の内や六本木のオフィス街にある書店でロングセラーになり、宮田さんはその手のシンポジウムから引く手数多で、エッセイストとコンサルタントを兼ねるようになったのだろうか。刊行後にいくつかの書店でトークイベントを開いたが、これがあの石ですか、という静かな興奮は巻き起こったものの、いい感じの石ころは、そのまま、いい感じの石ころとしてのみ受け入れられていた。カッコいいとか、冴えてるだなんて言われなかった。

会社を辞める時には、デスクをキレイにしなければならない。資料に使った本をダンボールに入れて自宅に送り、いらなくなった書類を捨て、使える文房具とそうでないものを区分けする。空っぽに近づいた引き出しに眠っていたのが石ころだった。「退職するにあたり、引き出しに眠る石ころをどうするか」というマニュアルは世の中に存在しない。本編にもあるように、一度、大きな石を社に持ち帰り、社内が混乱したことがあった。パソコンが壊れ、ミスが続出したのだ。石を残して立ち去ることもできたが、せっかくの円満退社が、後日、残された石によってグラつくのはイヤだ。後ろ向きな動機で、石を家に持ち帰り、家のベランダに無造作にバラまいた。糸魚川、御前崎、北九州、大洗、津軽、もはや産地はバラバラ。雨が降ると、それぞれの石ころがちょっとずつキレイになる。キレイになった石ころがまた元に戻っていく。その感じをたまに見届ける。会社を辞めて五年も経つと、働いていた頃の感覚なんてものはすっかり薄くなってしまう。楽しいことも面倒臭いこともたくさんあったはずなのだが、ひとまずそれらを忘れてしまう。なかなか薄情なものである。でも、ベランダに転がっている石ころが、その記憶を繋ぎ止めている。

　自分が担当した宮田さんの石ころ拾いの本に解説を書く、というのは、不思議な気持ちだ。石ころへの思いが維持されているわけでもないし、維持されているというか、あの時に、そんな思いがあったかどうかと問われればとても怪しい。海岸でずっと拾っている宮田さんを見ながら、いつまで拾うのかな、お腹減ったな、早く宿でゆっくりしたいなと思ったこともある。改めて読み返してみたが、解説しておきたいことなんて特にない。実はこういうことがありました、なんて持ち出せるのは、出張報告がちょっとだけ大変だったくらいのもので、壮大な裏話があるわけでもない。拾いに行って、拾って、帰ってきただけである。石に詳しい人に触れて、そうかそうか、すごい人がいるな、と帰ってきただけである。

　たとえばこうやって文章を書いてきて、そろそろまとめに入ろうとするとき、この原稿にはこういう意味があるんですと、意味を手繰り寄せて、いい感じの文章にしてしまうのって、結構簡単なことである。ちょっと前の「でも、ベランダに転がっている石ころが、その記憶を繋ぎ止めている」なんてのがそうだ。いい感じの話だが、あれは嘘である。たしかに一回くらいそう思ったことはあるけれど、ものすごく乱雑に転がっているだけだ。意味があるに違いない、と迫っていけば、どんなものにも意味は生じる。この本が好きなのは、この本に意味があるかと問えば、もしかしたら、ないんじゃないかと思わせてくれるからだ。それって、すごいことなんじゃないか。新たに加わった「出雲石拾い行」を読んで真っ先に思ったことは、「そうか、奇岩ガール、元気にしてるのか」だった。石ころも、宮田さんもすごい。だって、何をしても意味が生じてしまう世の中にあって、なんかここには、大した意味がないのである。この意味のなさにこそ意味がある、なんて言い始める人が、今度こそ生まれるかもしれない。生まれないかもしれない。生まれないでいいと思っている。

（たけだ・さてつ／ライター）

初出　KAWADE WEB MAGAZINE（二〇一二年九月〜二〇一三年十月）
「北海道石拾いだけの旅」は単行本書き下ろし
「出雲石拾い行」は文庫書き下ろし
『いい感じの石ころを拾いに』二〇一四年五月、河出書房新社刊

国立公園、国定公園、ジオパークなどでは、石の採集が禁止されている地域があります。石ころを拾って持ち帰る際は、現地の案内所やホームページなどでご確認ください。

（編集部）

中公文庫

# いい感《かん》じの石《いし》ころを拾《ひろ》いに

2019年10月25日　初版発行
2025年6月30日　3刷発行

著　者　宮《みや》田《た》珠《たま》己《き》

発行者　安部順一

発行所　中央公論新社
〒100-8152　東京都千代田区大手町1-7-1
電話　販売　03-5299-1730　編集　03-5299-1890
URL https://www.chuko.co.jp/

DTP　平面惑星
印　刷　三晃印刷
製　本　フォーネット社


Published by CHUOKORON-SHINSHA, INC.
Printed in Japan　ISBN978-4-12-206793-6 C1195

定価はカバーに表示してあります。落丁本・乱丁本はお手数ですが小社販売部宛お送り下さい。送料小社負担にてお取り替えいたします。

# 中公文庫既刊より

各書目の下段の数字はＩＳＢＮコードです。978－4－12が省略してあります。

に-21-1
## 本で床は抜けるのか
西牟田靖

「本で床が抜ける」不安に襲われた著者は、解決策を求めて取材を開始。「蔵書と生活」の両立は可能か。愛書家必読のノンフィクション。〈解説〉角幡唯介

206560-4

く-28-1
## 随筆　本が崩れる
草森紳一

数万冊の蔵書が雪崩となってくずれてきた。風呂場に閉じこめられ、本との格闘が始まる。共感必至の随筆集。単行本未収録原稿を増補。〈解説〉平山周吉

206657-1

て-10-1
## 南洋と私
寺尾紗穂

「南洋群島は親日的」。それは本当だろうか。サイパン、沖縄、八丈島――消えゆく声に耳を澄ませ、戦争の記憶を書き残した類い稀なる記録。〈解説〉重松　清

206767-7

ひ-37-1
## 実歴阿房列車先生
平山三郎

阿房列車の同行者〈ヒマラヤ山系〉にして国鉄職員だった著者が内田百閒の旅と日常を綴った好エッセイ。人物像を伝えるエピソード満載。〈解説〉酒井順子

206639-7

ふ-2-8
## 言わなければよかったのに日記
深沢七郎

小説「楢山節考」でデビューした著者が、武田泰淳、正宗白鳥ら畏敬する作家との交流を綴る文壇日記。巻末に武田百合子との対談を付す。〈解説〉尾辻克彦

206443-0

ふ-2-9
## 書かなければよかったのに日記
深沢七郎

ロングセラー『言わなければよかったのに日記』の姉妹編（『流浪の手記』改題）。飄々とした独特の味わいとユーモアがにじむエッセイ集。〈解説〉戌井昭人

206674-8

た-95-2
## すごい実験
多田将

空前絶後のわかりやすさ、驚天動地のおもしろさ！　地球最大の装置で、ニュートリノを捕まえる⁉　文庫化に際し補章「我々はなぜ存在しているのか」を付す。

207005-9